旅游研究前沿书系

- 归纳分析世界范围内优秀国家（文化）公园的保护、开发和管理经验
- 总结提炼国家（文化）公园可资借鉴的可持续发展范式
- 建言献策于中国国家（文化）公园发展

Classical Cases of National (Culture) Parks

国家（文化）公园管理经典案例研究

第 2 版

邹统钎◎主　编　　胡晓荣◎副主编

旅游教育出版社

·北京·

本书得到以下项目资助支持：

国家社科重大课题"国家文化公园政策的国际比较研究（20ZD02）"

‖ 前 言 ‖

建设国家文化公园，是《国家"十三五"时期文化发展改革规划纲要》《中共中央关于制定国民经济和社会发展第十四个五年规划和二〇三五年远景目标的建议》确定的国家重大文化工程。国家文化公园（National Cultural Park）概念是中国保护遗产特别是文化遗产的创举，国外一般只有国家公园的概念。

着眼国际，许多举世闻名的国家（文化）公园被联合国教科文组织列为世界遗产，它们的建设管理经验对于中国的国家文化公园建设具有很大的借鉴意义。本案例研究汇编包括加拿大班夫国家公园、美国约塞米蒂国家公园、英国英格兰湖区国家公园、德国巴伐利亚森林国家公园、新西兰亚伯塔斯曼国家公园、南非克鲁格国家公园、俄罗斯瓦尔代国家公园、日本日光国立公园、巴西和阿根廷的伊瓜苏国家公园、法国赛文山脉国家公园、韩国庆州国立公园这十一个国家公园，旨在整理归纳分析世界范围内优秀国家公园值得借鉴的开发和管理经验，将先进的公园管理模式和可持续发展方式总结为可供大多数国家或地区借鉴的通用范式，同时也为我国建设国家（文化）公园建言献策。本书是在前一版的基础上修订而成，衷心感谢第一版作者奠定的基础，陈歆瑜、袁畅、任俊朋、张景宜、蔺天祺、陈欣、许桢莹、衣帆、廖麟玉、陈子明等做出了重要贡献。本版修订保留第一版的德国巴伐利亚森林国家公园、南非克鲁格国家公园、韩国庆州国立公园三个典型案例，补充了八个案例，并重点对上述十一所国家公园的管理模式和法规体系进行介绍。

丝绸之路国际旅游与文化遗产大学副校长、北京第二外国语学院校长助理、中国文化和旅游产业研究院院长邹统钎教授负责本案例研究的组织、框架设计、总统稿，胡晓荣同学负责协调与全书的文字统稿工作。第二版修订工作分工如下：第一章仇瑞，第二章胡晓荣，第三章常东芳，第四章翟梦娇，第五章霍蕙苓，第六章邹明乐，第七章周琳，第八章席小童，第九章焦万鹏，第十章张昊，第十一章牛毓琪。最后由胡晓荣统稿，在此感谢大家的付出。由于编者水平有限，内容尚存在不足之处，恳请大家批评指正。

本书得到了国家社科重大课题"国家文化公园政策的国际比较研究（20ZD02）"的资助。衷心感谢旅游教育出版社的大力支持。

邹统钎

2022 年 10 月 25 日星期二于撒马尔罕

‖目 录‖

第一章 | 加拿大：班夫国家公园

第一节　班夫国家公园的概况

加拿大是世界第二个正式成立国家公园[①]、第一个正式设立国家公园管理机构的国家。加拿大三面沿海，风景壮丽，地处高纬度又幅员辽阔，极具地理及地质优势，坐拥得天独厚的自然环境与生态资源，因此加拿大国家公园的设立具备天然的条件。到目前为止共有 48 个国家公园，分布在 13 个省份和地区，总面积达 32 万平方千米，约占加拿大国土面积的 3.3%。作为加拿大第一个国家公园，班夫国家公园历史悠久，其迷人的自然风光让人向往，也成为众多国家规划管理国家公园的经验借鉴来源。

一、加拿大第一个国家公园

班夫国家公园（Banff National Park）历史悠久。它始建于 1885 年，位于加拿大阿尔伯塔省南部，面积 6666 平方千米，是加拿大第一个国家公园，也是继美国黄石国家公园、澳大利亚皇家国家公园后的世界第三个国家公园。1984 年，由于雄奇险峻的地貌特征与丰富多样的物种资源，班夫国家公园作为落基山脉国家公园群的一部分与贾斯珀国家公园（Jasper National Park）、约霍国家公园（Yoho National Park）、库特奈国家公园（Kootenay National Park）等一起列入世界自然遗产。

班夫国家公园由落基山脉公园（Canadian Rocky Mountain Parks）演变而来。落基山脉公园原是为保护当地由于铁路开发而裸露出来的温泉而设立，初始面积只有 26 平方千米。到 1887 年，《落基山公园法案》将其扩大到 674 平方千米。1902 年，由于公园开发之初是以赢利为主，并没禁止伐木、放牧、

---

① 世界三大最早的国家公园分别为：美国黄石国家公园（1872 年）、澳大利亚皇家国家公园（1879 年）、班夫国家公园（1885 年），由于皇家国家公园成立时澳大利亚尚未独立（其独立时间为 1901 年），所以严格意义上来说，在其成立国家公园时，澳大利亚仍是英属殖民地，并不是国家，所以班夫国家公园虽为世界第三、加拿大第一个国家公园，但加拿大仍为世界第二个正式成立国家公园的国家。

采矿等活动，公园面积由 11 400 平方千米又锐减至 4663 平方千米。到 1930 年，《加拿大国家公园法》正式通过，该法令规定将公园名字正式修改为"班夫国家公园"，公园面积固定为 6697 平方千米。早期加拿大太平洋铁路集团在班夫中开发了众多项目，包括修建铁路线路，通过火车将游客输送至公园，还依靠班夫的温泉资源建造了班夫温泉酒店和路易斯湖城堡酒店来增加游客游览率。1911 年，从卡尔加里到班夫的公路通车，1916 年，到班夫的旅游巴士开通，为游客游览提供了多种交通选择。1960 年，班夫国家公园开始全年对外开放，1990 年，班夫国家公园的游客人次就达到了 500 万，甚至有欧洲的游客乘坐邮轮不远万里来此泡温泉、露营登山，班夫一跃成为全球最受欢迎的国家公园之一。

二、班夫国家公园的生态保护

班夫国家公园的发展历程，经历了从以经济利益为主的国家公园初创阶段、注重生态保护的发展阶段到以生态完整性为目标的完善阶段[①]。班夫国家公园丰富的自然资源造就了独一无二的自然风光，并在加拿大全国掀起一阵游览热潮，加上公园建立之初以赢利为目的，导致公园内项目开发与参观人数不加控制，班夫的生态系统面临着威胁。例如加拿大横贯公路（Trans-Canada Highway，也称一号公路）的建设为游客提供了便利，增强了公园的可进入性，但同时也影响了园内野生动物的栖息环境与迁徙习性。又如，为了给游客提供划船垂钓服务，班夫修筑了水坝蓄水，导致湖边水生植物被破坏。另外，旅游设施及项目的建设如桑夏恩村滑雪度假区修建，增设停车场，扩建旅店，开发项目不断上线，分割了公园内的原生环境，破坏了班夫地区的生态平衡。

在各类组织倡导与民间抗议下，班夫国家公园内盲目的商业活动得到控制。1930 年，加拿大首个国家公园法《加拿大国家公园法》就明确规定"公园的第一要务是保护自然环境"，加拿大国会通过的《国家公园行动》（*National Parks Act*）也为班夫开发与管理确立了新的宗旨，即"为了加拿大人民的利益，并使下一代享受到未遭破坏的资源"。另外以加拿大公园与原野

---

① 刘鸿雁.加拿大国家公园的建设与管理及其对中国的启示［J］.生态学杂志，2001（06）：50-55.

协会（Canadian Parks and Wilderness Society）为代表的非政府组织不断抵制班夫开发活动，引发了公众对环境问题的广泛关注。班夫冬季奥运会计划的取消标志着班夫国家公园的重心由旅游开发转向生态保护。

班夫国家公园在生态保护方面主要措施有建立生态廊道、控制人口数量等。班夫国家公园是灰熊、狼、麋鹿等野生动物的栖息地，为保护公园内野生动物迁徙路线，增强各个栖息地之间的连通性，减少野生动物的道路死亡率，班夫国家公园在野生动物迁徙路线及栖息地周围设置了生态廊道，并根据动物生活习性和活动规律布局了路下式、涵洞式与路上式三类生态廊道。在其主要交通干线——加拿大横贯公路班夫区段就建设了数十座路下式生态廊道供野生动物使用。生态廊道是一种较为经济的生态设施，在外观上尽量模拟自然状态，使廊道环境与周围地带保持一致；在功能上兼具隔离噪声、过水功能、汛期应急功能等，为野生动物在公园内的自由通行创造了条件。另外，班夫国家公园还严格控制人口数量来限制班夫镇的扩张，同时限制旅行人数，以降低人口密度，防止人类活动对野生动物生存环境的过多打扰，在生态承载能力范围内合理开展人类生产生活及游览参观活动。

三、班夫国家公园的旅游发展

班夫国家公园拥有奇峻壮丽的山地景观，冰川遍布，松林连片，野生动物穿行其中。班夫小镇具备发展旅游观光的天然条件。班夫国家公园的山地旅游、探险旅游最为出名，还有温泉、滑雪、观鸟、钓鱼等休闲项目，班夫的游览方式也丰富多样，游客可以选择徒步、骑自行车、自驾、观光巴士等方式，还有骑马、漂流、独木舟等体验感较强的游览活动。除自然风光外，号称班夫国家公园"中转站"的班夫小镇也极负盛名，是班夫地区不可错过的景点。这里的建筑保留着 19 世纪风格，因而成为众多好莱坞电影的拍摄取景地，有"好莱坞后花园"之称。班夫小镇不仅是班夫国家公园的主要商业中心，还是班夫文化遗产聚集地。

班夫国家公园节事活动众多。加拿大地区冬季寒冷且漫长，给班夫创造了独特的冰雪运动契机。进入 1 月份，班夫各类冰雪节事活动连番举办，如 1 月中旬举办的冰雪魔法节（Ice Magic Festival）吸引世界各地冰雕艺术家前来路易斯湖创作冰雕作品；班夫冰雪节（Snow Days Festival）不仅有造型精致奇特的雪雕，还有雪地滑冰、掷斧游戏等冰雪项目，将寒冷冬日变成热闹的欢乐场。班夫山地电影节也为班夫地区提高了全球知名度。该电影节于 1976 年设立，既是电影作品展映的舞台，也是探险与极限运动的嘉年华，被誉为"户外奥斯卡"。1986 年，班夫山地电影节开启全球巡回展映，目前已经成为户外文化的代名词，向世界传播"自然、健康、极限与梦想"的班夫文化理念。

第二节　班夫国家公园的管理模式

班夫国家公园的成功离不开科学且完善的管理机制。1911 年加拿大公园管理局正式成立，成为全球第一个专门管理国家公园的政府机构。至今 100 多年间，国家公园管理机制不断调整丰富，形成了较为完备的组织结构与管理体系。班夫国家公园遵循生态完整性与全民公益性原则，以管理体制、法律体系、分区制度等为主要保护手段，实现保护环境和资源的目的，为当代人服务之时，不剥夺下一代人享受自然生态的权益。

一、班夫国家公园保护与管理原则

班夫国家公园建成至今已 100 多年，在协调保护与利用关系上不断摸索，历经初创阶段、发展阶段、完善阶段，班夫国家公园的管理重心从以经济利益为主逐渐转移到注重生态保护，到目前形成了生态完整性与全民公益性两大原则，走出一条平衡发展路子。

（一）生态完整性原则

加拿大国家公园早已形成了"以自然和生态保护为首要考虑因素"的共识。生态完整性是支撑和维持一个平衡的、综合的、具有适应性的群落的重要原则，这个群落的种类组成和功能组织要与自然生境下可类比[①]。而班夫的生态保护之路并不是一蹴而就的，在经历资源盲目开发的阶段后，当局者逐渐意识到公园的自然资源与原生环境是其核心吸引力，这种吸引力不可再生，必须建立严格的保护体系才能"细水长流"、永续利用。加拿大公园管理局由此将生态完整性作为评估公园规划决策与人类活动的基准。1988年《国家公园行动计划》修订版提出国家公园必须依法制定正式的管理规划，并首先要考虑公园的生态完整性，且必须每5年评估一次[②]。评估指标具体参考公园基本情况、生物多样性、生态系统功能、威胁因素等。早期开发的游览设施与游憩活动场所等，使得班夫人为破坏程度较高，在公众、协会的不断抗议与倡导下，班夫国家公园重新明确了公园的作用与责任，生态问题逐步得到缓解。

（二）全民公益性原则

加拿大境内国家公园都归加拿大政府所有，旨在为全体加拿大公民提供公共产品。全民公益性是指全民共享，即让广大公众，不分年龄、民族、种族、性别、职业、家庭出身、宗教信仰、教育程度、收入水平，都享有生态系统服务功能，获得自然环境教育和亲近自然、体验自然、了解自然以及作为国民福利的游憩机会[③]。1930年《国家公园行动》（*National Parks Act*）确立了"国家公园的宗旨是为了加拿大人民的利益、教育和娱乐而服务于加拿大人民，国家公园应该得到很好的利用和管理以使下一代使用时没有遭到破坏"[④]。

加拿大国家公园的全民公益性主要体现在公众教育与公众参与两方面。首先，为保证每个公民都有平等的机会享受公园风光、了解国家自然与文化遗产，加拿大国家公园一般不收取或收取极低的门票，对于17岁以下青少年和入籍不满一年的公民免票，还推出更加优惠的年票套餐，确保每个公民享受原

---

① Karr, J R. Dudley, D R. Ecological perspective on water quality goals [J]. Environmental Management, 1981, 5: 55-68.

② Eagle, P. F. J. Park legislation in Canada [A]. In Dearden, P. (eds). Parks and protected are as in Canada. Planning and Management [C]. Toronto Oxford University Press, 1993, 154-184.

③ 蔡华杰. 国家公园全民公益性：基于公有制的实现理路解析 [J]. 福建师范大学学报（哲学社会科学版），2022（01）：58-70.

④ 刘鸿雁. 加拿大国家公园的建设与管理及其对中国的启示 [J]. 生态学杂志，2001（06）：50-55.

始生态的权利。加拿大国家公园还提供了丰富的科普教育产品，例如班夫国家公园推出儿童读物《灰熊贝瑞美好的一天》（*A Beary，Berry Good Day*）；还有儿歌 *Wildlife Rules*，教给小朋友野外生存技巧；还有知识渊博的解说员走访社区讲解公园世界遗产，讲授公园守护体验等活动。班夫国家公园还有专业的加拿大获奖解说剧团（Parks Canada's award-winning Interpretive Theatre Troupe），通过木偶剧表演、搞笑图片、歌曲与交互式展览展现班夫故事。另外，加拿大还形成了完备的公众参与制度，使得居民及各类社会组织参与到公园管理中来，这将在后面篇幅中详细展开阐述。

二、高效的垂直管理体制

加拿大国家公园在长期的实践探索过程中，形成了层级清晰、运行高效、长期稳定的垂直管理体制。加拿大国家公园的一切事务由国家公园管理局统一负责，不受国家公园所在地管辖限制。该部门隶属加拿大环境与气候变化部，但具备独立的法人资格，对机构法规和政策制定承担法律责任，并每年向环境部长汇报公园状况及发展规划。这就保证了加拿大公园管理局具有较高的行政地位，不致于被国家公园其他相关部门及地方政府所辖制，在管理经营上具有较大自主权，并拥有较大的资源统筹与调配的权力。

加拿大公园管理局的组织结构，由一名首席执行官和九名副总裁组成（如图 1-1），副总裁主要分管三个领域，分别是运营、项目和内部支持服务，运营分为东部运营、西部和北部运营；相关项目包括保护区建立和保护、遗产保护和纪念、外部关系和游客。内部支持服务包括行政、财务、投资和人力资源[①]。这就保证国家公园相关事务如旅游、文化、考古、文物等都在一个管理体系内，从管理规划、项目实施再到后勤支持，形成完整的管理链条，不致于出现多头管理的现象，保证了管理思想的一致性与管理政策的一贯性。

---

① 蔚东英.国家公园管理体制的国别比较研究——以美国、加拿大、德国、英国、新西兰、南非、法国、俄罗斯、韩国、日本 10 个国家为例 [J].南京林业大学学报（人文社会科学版），2017，17（03）：89-98.

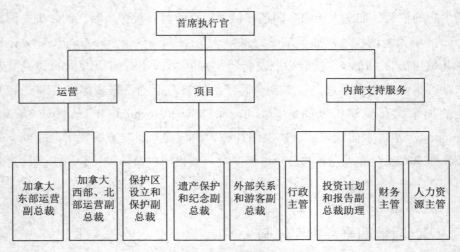

图 1-1　加拿大公园管理局组织结构

三、精细的管理计划制度

加拿大国家公园在顶层设计方面走在了世界前列，各个公园皆在详细的管理计划下开展规划建设。《加拿大国家公园法》规定，国家公园必须每5年制定一次详细的建设及管理计划，经部长批准后，才能成为公园资源管理及利用的依据。加拿大每个国家公园都有适用于自己的专门的独立规划，规划中全面规定了现阶段的管理目标、管理策略及实现手段，具体包含保护生态环境完整及文化遗产延续的计划、旅游活动计划、设施建设计划、分区计划等，还特别涵盖了应对未来可预知到的灾害威胁等，如火灾应对计划、雪崩应对计划等。

国家公园管理计划每年通过公开会议或书面报告向公园管理局及公众披露计划实施的进度及情况。计划审核十分严格，公园管理局首先会进行公园状况评估，然后制定出新的管理计划内容草案，提供给土著人民和公众征求反馈意见，最终由部长批准，并提交给议会。以班夫国家公园2022年管理计划为例，该计划围绕如下核心战略：（1）保护自然和文化资源，（2）提供真实的现场体验，（3）加强与原住民关系，（4）加强与加拿大公民的联系，（5）管理发展，（6）注重区域及景观连通性，（7）以可持续的方式进行游览，（8）管理公园社区。这些计划立足于当下社会环境不确定性（如疫情影响与国际动荡局势）、自然变异性与新技术应用等，对先前计划进行调整以提高决策和管理效力。班夫国家公园 2022 年管理计划具体包括:（1）文化资源管理计划，（2）游客可持续发展计划，（3）高优先级区域的游客管理计划，（4）土著青年 - 老年人文化联系指导方案，（5）服务设施无障碍补救计划，（6）气候变化行动计划，（7）可持续人才流动计划等①。

四、健全的法律法规保障

顶层法律是专项法案法规有效实施、管理行动有序开展的重要保障②。加拿大完备的法律体系为国家公园建设管理保驾护航。加拿大国会有针对国家公园整体的立法，加拿大于 1887 年颁布了《落基山公园法案》，1930 年颁布《加拿大国家公园法》，还有《国家公园管理局组织法案》《国家公园综合管理法案》《国家公园及娱乐法案》等。还有针对自然资源与文化资源的法律规定，如《加拿大海洋保护区法》《历史遗迹及纪念地法》《遗产火车站法》等。针对国家公园内部服务设施的法律规定，如《国家公园建筑物法规》《国家公园公路交通法规》《国家公园消防法规》《国家公园水和下水道法规》等。这些法律法规使得国家公园中的每项活动都有法可依、有律可循，规范各组织机构的运行。

加拿大国家公园的法律法规内容详实、体系完整，且立法层次相对较高，使得国家公园管理不必再受其他部门或地方法规的制约。法律法规由联邦法案、相关行政命令、规章、计划、协议、公告、条例等构成了较为完整的法规体系，确立了一个紧紧围绕"国家公园"的法律文件群，法规内容的详细和法规体系的完善极大增强了法规的可操作性，并形成了多种法律相互补充、相互制约的平衡型的架构③。

---

① Parks Canada Agency, Banff National Park of Canada Management Plan，2022，https://www.pc.gc.ca/en/pn-np/ab/banff/info/gestion-management/involved/plan/plan-2022.

② 马骏，魏民 . 加拿大国家公园体系的建设经验与启示［J］. 城市建筑，2022，19（15）：195-198.

③ 周武忠 . 国外国家公园法律法规梳理研究［J］. 中国名城，2014（02）：39-46.

五、科学的分区规划体系

加拿大国家公园综合考虑保护与利用需求，通过空间分区规划形成了生态保护、游憩利用与社区升级均衡发展的格局。分区管控是大型公共空间利用及自然生态与区域经济可持续管理的重要措施，国家公园中的分区规划要求根据自然地理特点、公园自身属性来划分不同的分区域保护层级，对应不同的保护利用政策，从而实现国家公园游憩利用的宏观管控与内部土地利用的精细化管理①。加拿大国家公园政策强调："功能分区需要考虑生态系统结构、功能、敏感性与现有和潜在的游憩体验机会与影响"②，综合考量生态脆弱性、环境承载力与社区生计需要等，加拿大国家公园采用了五分区体系，即特别保护区（Special Preservation）、原野区（Wilderness）、自然环境区（Natural Environment）、户外游憩区（Outdoor Recreation）与公园服务区（Park Services），各个分区的管理目标及管控要求如表 1-1 所示。加拿大国家公园的管理计划都必须按照指导原则和运营政策涵盖 5 类分区，但可以进行动态调整③，例如在原野区周边增加缓冲区，或在旅游旺季临时设立游客访问区或游步道等。根据加拿大班夫国家公园管理计划（2022），其分区面积分别为：特别保护区 10%，荒野区 87%，自然环境区 0.93%，户外游憩区 2%，公园服务区 0.07%。④加拿大国家公园分区规划采用自上而下的治理思维，不仅在区域层面考虑到自然保护、社区发展和游憩服务的综合利益平衡，在公园分区用地管控上也做到 3 个主导功能的协调统一⑤。

---

① 何思源，苏杨，闵庆文，中国国家公园的边界、分区和土地利用管理——来自自然保护区和风景名胜区的启示［J］. 生态学报，2019，39（4）：1318-1329.

② Mcnamee K. From Wild Places to Endangered Spaces: A History of Canada's National Park. In Dearden, P. (Eds). Parks And Protected Areas in Canada: Planning and Management［M］. Torondo Oxford University Press，1993：17-44.

③ Gelbman A，Timothy D J. Differential Tourism Zones on the Western Canada-US Border［J］. Current Issues in Tourism，2019，22（6）：682-704.

④ Parks Canada Agency，Banff National Park of Canada Management Plan，2022，https://www.pc.gc.ca/en/pn-np/ab/banff/info/gestion-management/involved/plan/plan-2022#section-11，访问日期：2022 年 11 月 15 日。

⑤ 虞虎，徐琳琳，刘青青，周侃.加拿大国家公园游憩空间治理研究［J］.中国生态旅游，2021，11（02）：256-265.

表 1-1 加拿大国家公园分区规划体系

分区类型	管理目标	管控要求	
		自然保护	公共机会
Zone I 特别保护区	保护或支持独特的、受威胁的、或濒临灭绝的自然或文化特征与价值，或者是自然区域的最佳范例	严格的自然保护	①通常没有进入权限 ②严格控制 ③无机动车道
Zone II 荒野区	使自然区域在荒野状态下得到保护	鼓励以最少的管理干预维持生态系统	①允许以非机动方式进入内部 ②允许与自然保护一致性较高的分散式活动体验 ③原始露营
Zone III 自然环境区	通过户外游憩活动为游客提供体验公园自然和文化遗产价值的机会，这些活动需要最少的服务和质朴的自然设施	注重自然环境的保护	①允许有限的机动车进入 ②允许半原始露营 ③质朴的固定屋顶住宿
Zone IV 户外游憩区	有限的区域内能够容纳访客理解、欣赏和享受公园遗产价值的广泛机会，相关的基本服务和设施对公园的生态系统完整性的影响应最低	尽量减少人类活动和设施对自然景观的影响	①感受自然景观或在游憩设施中感受景观 ②具有露营服务条件 ③小型住宿设施
Zone V 公园服务区	包含游客服务和配套设施集中的社区，以及公园运营管理职能	强调在区位、设计和运营方面对游客提供服务支持	①游客中心等以设施为载体的游憩活动 ②公园管理机会

资料来源：虞虎，徐琳琳，刘青青，周侃.加拿大国家公园游憩空间治理研究［J］.中国生态旅游，2021，11（02）：256-265.

六、全方位的公众参与体系

加拿大国家公园法为各类组织机构与民众个人提供了丰富的机会参与公园管理。法规规定"在适用的情况下，部长应在国家、地区和地方各级为公众参与提供机会，包括原住民组织、根据土地要求协议设立的机构和公园社区的代表参与制定公园政策和法规、公园的建立、管理计划的制定、与公园社区有关的土地使用规划和开发，以及部长认为相关的任何其他事项"。公众参与能够有效监督监管，在一定程度上弥补班夫国家公园管理部门的政策疏漏，保证公众话语权利的发挥。同时，公众参与能够集思广益，将公众价值与政策理念合为一体，为公园可持续发展拓展无尽可能。

班夫国家公园的公众参与渠道主要分为：

（一）非政府组织（non-government organization）

围绕生态保护、公园发展等，加拿大注册的非政府组织数量繁多。加拿大国家公园法早于1988年就做了前瞻性的修订以确保NGO的参与渠道，即"要有广泛的公众参与，非政府组织可以在法庭上挑战主管单位"，这为NGO话语权的表达提供了法律依据，提高了NGO的参与地位。

这些非政府组织为班夫国家公园的发展提出了众多中肯可行的建议。在20世纪90年代，加拿大公园和原野学会（Canadian Parks And Wilderness Society，CPAWS）起诉了加拿大公园管理局批准的桑夏恩村的滑雪度假区开发项目，并最终成功得到取消项目开发计划的审判。班夫弓河山谷研究会（Banff-Bow Valley Study）长期在班-地区进行研究与评估，提出了500多项提议，包括在村镇周围修建隔离带，控制班夫镇的人口，机场搬迁提议等在内的多条建议都被加拿大公园管理局采纳。大型环保组织班夫之友（Friends of Banff National Park）则通过一系列教育活动如"与野生动物共存"等鼓励游客和居民承担起保护公园自然和文化环境的责任与义务，促进公众对班夫国家公园自然与文化遗产的欣赏、理解与管理。这些非政府组织虽然相互独立，但都怀着让班夫国家公园发展更好的愿景，一致的目标使得各个NGO之间利益趋同，朝着共同的目标奋进。

（二）规划论坛

为使各个利益相关者具有公平交流与公开发表意见的平台，加拿大公园管理局组织了年度"规划论坛"。该论坛召集环保组织、动物保护NGO、旅游界、旅馆界、导游工会等多方，公开讨论班夫国家公园的现状，解决目前建设中的棘手问题，探讨公园未来发展方向。该论坛于每年11月份召开，允许公众旁听，各个利益方具有均等的话语权，可以自由提出对公园发展有利的提议，加拿大公园管理局做最终定夺。

该论坛强调，各个利益相关者要在"公园全民公有"的共识下，谋求共同利益，平衡自然、动物与人类活动，并最大限度地减少人类活动对另外两者的影响。在此指导原则下，各组织之间虽然各执己见，意见时有不同，但基本的出发点和落脚点是一致的。规划论坛构建了各方意见交流通道，形成了公园管理行业智库；同时，这些利益相关者能够有效监督加拿大公园管理局的工作，使得管理当局须经充分咨询方可行使权力。

（三）与原住居民进行合作

加拿大国家公园管理局与当地原住居民之间建立了稳定和谐的合作关系，维护了公园原住居民社区的合法权益。以因纽特人、梅蒂斯人为主的土著居民是国家公园地区的原始主人，他们世代在原住地繁衍生息，与自然环境经过了几百年的共处，彼此相互抗争又相互依存，形成了一套独特的人与自然和谐共处模式。土著居民凭借着对国家公园地的广泛了解，成为加拿大国家公园管理局坚定的合作伙伴。加拿大国家公园在与原住居民合作中一直遵循"PARKS"原则，即保持伙伴关系（Partnership）、可接近（Accessible）、相互尊重（Respectful）、知识为本（Knowledge-based）与充分支持（Supportive），这种理念保证土著居民能够在其原住地继续从事传统活动并将民族传统知识更好传授给下一代，也构建了更加平等、和谐、健康的公园与土著社区关系。

加拿大国家公园与原住居民社区合作开展野生动物保护工作，如协助保护野牛等物种繁衍。原住居民与野牛长期接触，对野牛生活习性十分熟悉，加拿大国家公园聘请原住居民作为国家公园野牛计划协调员，利用原住居民的专业知识助力野牛种群的恢复。

加拿大国家公园还通过成立管理委员会来使原住居民参与公园管理。如因纽特人合作社管理委员会就聚集了因纽特人，利用民族传统知识为国家公园建言献策，包括如何防止驯鹿栖息地退化，消除人类狩猎对驯鹿种群的威胁等问题。还有土著文化遗产咨询委员会，由8位土著代表组成，作为加拿大公园管理局文化遗产的咨询机构，就文化遗产项目提供咨询意见。原住居民也是国家公园导游的最佳人选，当地土著人还可成为公园导游或者解说员，与游客亲密接触，向他们讲述公园故事。

（四）志愿活动

加拿大国家公园也为个人提供了丰富的公园管理参与渠道，个人可以通过志愿活动参与国家公园的日常管理与维护。以班夫国家公园为例，它的志愿者计划致力于为加拿大人与国际游客提供一系列参与学习和公园管理活动的机会。个人可以申请公园管家、公园管理活动、团体志愿服务、服务学习等项目（如表1-2）。居民还可作为公园大使，与游客和背包客、露营者进行互动，向社区分享自己的发现；或参与考古项目，研究文化遗产，监测物种变化等。志愿活动不仅使公众近距离亲身体验公园管理活动，提高公众共建公园的积极性，更是一种环境教育机会，唤醒公众的保护意识，传递国家公园的自然与人文价值；同时还使公园管理部门以最低的成本招募到志愿者，减少公园维护支出。

表1-2　班夫国家公园志愿活动项目

班夫国家公园志愿活动项目	公园管家	生态研究和监测项目 露营地托管 生物踪迹状况报告 自然物种观测 洞穴和盆地大使 捡垃圾、观察、记录和报告
	公园管理活动	生态恢复项目 公园维护和种植本地物种 野生动物围栏检查
	企业或团体志愿服务	为野生动物研究筹款 设施或公园维护 修复项目
	服务学习	研究项目 程序分析 为学生团体提供动手定制体验 虚拟学习机会

资料来源：根据加拿大国家公园网站整理。

第三节　经验借鉴与启示

加拿大国家公园管理体系成熟，是世界各国自然保护区管理与遗产保护利用的借鉴学习对象。2021年10月12日，我国正式成立三江源、大熊猫、东北虎豹、海南热带雨林、武夷山五大国家公园，迈出了我国国家公园高质量建设、高标准保护的重要一步，这也意味着我国需要在生态保护与可持续发展上与世界同步、与国际接轨，实现自然资源的科学保护与合理利用。但现阶段，我国自然保护地体系不健全、管理不到位等问题突出，要贯彻生态文明建设，保护好绿水青山，可在管理体制、法律体系、土地利用和公众参与上吸收加拿大国家公园的优秀经验，为国家公园建设做好制度保障。

一、收紧管理层级，理顺并统一管理体制机制

我国自然保护地管理一直实行分级管理制度，条块分割、多头领导问题严重。保护区划分为国家级与地方级，分别由国家与各省市管理，导致缺乏统一的主管部门负责管理。另外，这些保护区是由林业局、海洋局、国土资源局、环保局和农业部等多个部门分别管理，这种不明确的分类又造成多部门争夺保护区利益，忽视保护区需求[1][2]。

为解决管理矛盾，我国国家公园要抽调整合相关部门，构建统一的管理机构。国家要统筹并收紧国家公园设立、规划、建设与管理四项职权，并将其作为中央事权，由中央委托自然资源主管部门直接垂直管理，主管部门下设森林管理局、水务管理局、物种生态管理局等，保证专业人员负责专门事务的同时，对国家公园内山、水、林、田、湖、草等自然资源统一行使权力[3]。构建

---

[1]　张倩，李文军.新公共管理对中国自然保护区管理的借鉴：以加拿大国家公园改革为例［J］.自然资源学报，2006（03）：417-423.
[2]　2018年政府机构改革，局名与职责有调整变更。
[3]　陈君帜.建立中国国家公园体制的探讨［J］.林业资源管理，2016（05）：13-19+70.

高效的层级间、部门间、区域间协调机制，保证公园管理政策的有效推行及公园状况的及时上报。国家公园管理部门管理权的行使要接受上级部门及公众的监督，公园相关事务要充分征求公众尤其是公园内社区居民的意见，满足居民的合理需求，最终构成国家公园管理有序、协调高效的管理体系。

二、完善顶层设计，以法律体系与管理计划为纲

我国国家公园于 2015 年开始试点工作，2021 年正式批准设立国家公园，但至今（至 2022 年 10 月底本文成稿）并未颁布出适用于国家公园的专项法律法规，公园规划方案也太过笼统，不具体不细致，与现有法律的衔接不紧密不协调。

我国国家公园要科学管理就必须重视顶层设计。这是公园事务执行与项目开发的准绳，也是解决国家公园保护与开发冲突的有力保障，是国家公园体制机制顺利运营的支柱与基石。国家公园要尽快制定完备的法律法规，该系列规定要涵盖公园活动的方方面面，大到总体设计，小到树木花草，且要确定好奖惩规则，使得公园各项事务都有法可依。另外，要理顺国家公园法案与现行法律的关系，尤其是与自然保护区相关法案、土地规划法案、野生动物保护法案等的关系，要注重国家公园法案与上述法律的衔接，对待同一事务要统一规范，切忌一片土地上两套法律体系。另外，精细的管理计划必不可少，管理计划为国家公园发展规划了方向，且要不断进行评估与更新，保证国家公园保护和建设与社会动态相适应。

三、严格分区规划，按区划布局进行科学管控

分区管理是经过世界各国国家公园长期实践验证的土地利用方法。但目前我国国家公园在分区管控中缺乏统一指导，导致了各试点分区管控的实体性规范各行其是、程序性规范先天不足、法律责任流于形式等问题，国家公园协调生态环境保护与社区发展的立法目的难以完全实现[①]。

---

① 廖华，宁泽群. 国家公园分区管控的实践总结与制度进阶［J］. 中国环境管理，2021，13（04）：64-70.

我国国家公园要以"恢复有效的生态修复能力、拉动长久的绿色民生经济、建立科学的生态文明体制"为总体目标，遵循"生态系统完整性、原真性、保护发展协调性、管控力度差异性"四大原则①，科学分区，合理布局。国家公园管理部门首先要对公园各类资源及生态状况进行全面评估，明确公园各个区域的生态系统及文化资源保护要求。其次，借鉴数学规划模型、启发式算法、空间多标准和多目标适应性分析、多准则决策方法等方法，评估国家公园内的生物多样性重要性评价、生境自然性评价、人类活动影响评价、可进入性评价、资源限制性利用机会和威胁因子等，识别生态关键地段，确定资源的不同保护等级，分析资源限制性利用格局，作为功能区划的重要参考值②，科学合理确定公园的区域边界。

四、完善参与途径，丰富公众参与机会与方式

在复杂的管理权属与社区问题下，国家公园公众参与渠道较少。与发达国家相比，我国公众环保意识与生态知识较为薄弱，且公众普遍缺乏主动参与意识，政策文件中对于公众能参与什么、如何参与也未作详细规定，公众参与方式与参与渠道较难获取③。

为体现国家公园共有性、公益性与全民性，我国国家公园要尽快形成贯穿公园"规划－环评－管理－运营－维护"全过程、全方位的公众参与机制④。在规划与环境评估阶段，国家公园可以通过公开听证会保障公众知情权，通过意见与需求调查等方式了解公众诉求。在管理、运营与维护阶段，国家公园可以聘请周边社区居民作为公园巡护人、护林员等，以榜样力量带动社区公众主动参与公园保护。国家公园要加强生态知识与环境保护意识的社会宣传，如播放公园宣传片，开展物种保护知识科普等，提供更多公共教育产品，通过教育提升居民自身环保意识，激发公众参与积极性。除了公众个人，国家公园还要

① 张俞，张智光.我国国家公园的建设经营与分区管理模式分析［J］.经营与管理，2022（01）：143-148.
② 唐芳林，王梦君，黎国强.国家公园功能分区探讨［J］.林业建设，2017（06）：1-7.
③ 张玉钧，熊文琪，谢冶凤.提升游憩环境质量，建立国家公园公众参与行动框架［J］.旅游学刊，2021，36（03）：7-9.
④ 邓玮，王锐.关于国家公园公众参与的几点思考［J］.中国生态文明，2022（03）：78-81.

与各类公益组织及科研院所进行合作，利用相关组织的专业知识为公园管理和生态保护贡献智慧与力量。另外，在互联网时代，国家公园要创新公众参与渠道与方式，采用"线上＋线下"相结合的方式，通过微信、微博、抖音等新媒体宣传方式，积极引导公众参与到公园管理与维护中来，推动国家公园高质量发展[①]。

---

① 窦亚权，何江，何友均.国外国家公园公众参与机制建设实践及启示［J］.环境保护，2022，50（15）：66-72.

第二章 美国·约塞米蒂国家公园

第一节　约塞米蒂国家公园的情况及历史

一、基本情况

约塞米蒂国家公园（Yosemite National Park）地处美国加利福尼亚州的内华达山脉西麓。"约塞米蒂"这个词源于印第安语，意思是"黑熊"，是当地印第安部落的图腾，我国台湾则将其翻译为"优美胜地"，凸显其独特的自然风景。世界遗产委员会赞美道：位于美国加利福尼亚中心的约塞米蒂国家公园，它以众多山谷、瀑布、内湖、冰山和冰碛岩闻名，向我们展示了世上罕见的由冰川作用所形成的众多的花岗岩浮雕[①]。

美国的黄石国家公园是世界上第一个现代意义上的保护地。在美国，最早提出的保护理念是"荒野保存"。该保护地奉行隔离式范式，"非人为干预"的隔离模式，是一种对人类的接触、采撷、利用等活动加以禁锢并严格管制。美国的约塞米蒂国家公园虽然并不是世界上最早的国家公园，但是它的自然保护运动比黄石公园还早得多。直到美国国会在 1890 年审议通过了《约塞米蒂自然宝藏》《建立国家公园的条件》这两份"国家公园的百年报告"后，"国家公园"的法律地位才就此确立。美国景观设计学奠基人弗雷德里克·劳·奥姆斯特德，还有当代最伟大的自然保护主义先驱约翰·缪尔都在约塞米蒂留下划时代的足迹。约塞米蒂的自然保护运动为后来在美国和世界各地兴起的国家公园运动开辟了一个新的开端。

二、核心资源

（一）千姿百态的水

约塞米蒂国家公园里的河流会在四季变换时展示出不同的形态。春末夏

---

① 戴申卫. 约塞米蒂国家公园［J］. 地理教学，2017（02）：2+65.

初，由于融雪和雨水的汇入，此时的河流奔涌壮观；从夏末起，由于降水量减少，河流水量下降，就呈现为涓涓细流。约塞米蒂国家公园里河流的每一种形态都让人叹为观止。

（二）壮观的火焰瀑布

马尾瀑布是由雪山融水形成的一种季节性瀑布。每年12月到次年1月，雪山的积雪都会融化，此时就会有瀑布出现。在每年2月天气晴朗的夜晚，马尾瀑布会在太阳落山的时候，散发出如岩浆般黄色的光辉，这种壮观的景象被称作"火焰瀑布"。

（三）珍稀的生物群体

约塞米蒂的野生动物种类繁多。这里有黑熊、骡鹿、松鼠、山猫、郊狼、狐狸等以及多种鸟类、爬行动物和两栖动物。美洲黑熊是约塞米蒂公园中体型最大的哺乳动物，这里的黑熊数量高达500多头。

约塞米蒂的植物更是稀有罕见。约塞米蒂公园横跨地中海气候和高原山地气候，以亚热带针叶林为主要植被类型，园内有加利福尼亚松、瘦形松、兰伯氏松、北美圆柏等种类丰富的植物，其中以巨型红杉树林（Giant Sequoias）最为出名。最初建造约塞米蒂国家公园的目的就是为了保护该区域的北美红杉树林。在约塞米蒂国家公园的马里帕沙巨杉区，有500多株高大的红杉，很多树龄高达2000余年。有一棵被称为"大灰熊"的巨杉，它的树龄已有2700年左右，据传是世界上现存树龄最大的树木。

（四）壮阔的岩石峭壁

在地质运动和冰川作用的影响下，约塞米蒂国家公园里到处是形状各异的岩石。冰川点是公园里最热门的旅游胜地。早在20世纪五六十年代公园就成为了美国攀岩运动的中心。"船长峰"是一座完全由花岗岩构成的山峰，是约塞米蒂国家公园中最典型的一座1099米高的垂直岩壁，这是一块有着悠久历史的花岗岩，它的岩石是完整的，没有任何可以用于攀爬的缝隙。因此对于攀岩者来说，攀登"船长峰"是非常具有挑战性的一件事。

三、历史沿革

美国总统林肯于 1864 年将约塞米蒂谷划为保护地区，因此约塞米蒂谷也被认为是现代自然保护运动的诞生地。为了对公园的原始风貌进行保护，美国总统林肯将约塞米蒂谷设为美国的首个国家州立公园。苏格兰自然学家约翰·缪尔一生致力于保护约塞米蒂谷的环境，约塞米蒂国家公园于 1890 年设立。约塞米蒂补助区于 1906 年被列入约塞米蒂国家公园的范围。在 1916 年，新创建成立的美国国家公园管理局（National Park Service）接管了 400 多个由美国骑兵（United States Cavalry）管理多年的国家公园。1984 年，联合国教科文组织根据自然遗产评选标准 N（Ⅰ）（Ⅲ），把约塞米蒂国家公园列为自然遗产，列入《世界遗产目录》，编号 712-013。2006 年 5 月，美国加利福尼亚州的约塞米蒂国家公园与中国安徽黄山风景名胜区签订了一项建立友好公园的协议。

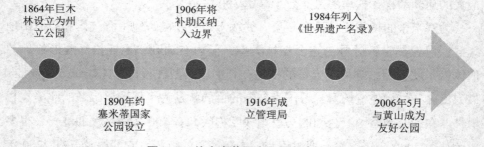

图 2-1　约塞米蒂国家公园历史沿革

第二节　美国国家公园的管理制度

一、美国国家公园的管理制度与运行机制

"自上而下"型管理体系是指由国家政府专门设置国家公园的主管部门，负责国家公园的划定、相关管理政策和法律法规的制定、国家公园的规划、运

行和管理等事务①。美国国家公园是一种典型的中央集权式的管理体制，它是由联邦内政部下属的国家公园管理局直接管理，实行国家、区域和公园的三级垂直管理。美国国会通过《国家公园管理局组织法》，明确划分了不同层级的事权。公园的主要用地是由联邦土地组成，管理局将法定的管理权通过权转化联邦法规，编入联邦法典后，依法管理公园范围内的土地和保护资源。②

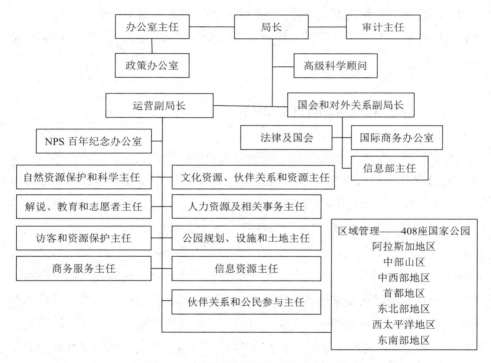

图 2-2　美国国家公园管理局总部组织

管理局内设有资源保护、规划与基础设施、解说教育、公众参与等20余个分局。分局设有多个司或办公室，司或办公室设有业务处室。此外，管理局以州界为单位，按资源类型及工作实际情况，跨州设立7个区域办公室作为管理局派出机构，由管理局直接领导。区域办公室参照管理局的机构设置，设有管理运营、规划建设、公众参与等多个部门。区域办公室主任有权对所辖各部

①　蔚东英.国家公园管理体制的国别比较研究——以美国、加拿大、德国、英国、新西兰、南非、法国、俄罗斯、韩国、日本10个国家为例［J］.南京林业大学学报（人文社会科学版），2017，17（03）：89-98.DOI：10.16397/j.cnki.1671-1165.2017.（03）：10.

②　宋天宗.美国国家公园建设管理的经验与启示［J］.林业建设，2020（06）：1-7.

门主任和员工以及单个国家公园园长和员工进行监督，并向管理局领导汇报。管理体制的特征包括中央垂直管理、部门设置完善、划分区域管理单元。在纵向上，管理局与区域办公室职责分工明确，职责清晰，互不交叉。横向上，区域办公室独立管理，内设部门相互协作，为服务运行奠定了坚实的保障。区域办公室实行独立管理，具有较大的自主权，便于及时了解和处理管理中的特定问题。区域办公室作为派出单位，也能更好地贯彻联邦政府的管理目标，不会受到州政府利益的影响。同时，按照不同区域设立相应的部门，也使国家公园管理工作更加科学高效。

二、美国国家公园的资金保障

保护和发展是一个永恒话题。要使国家公园持续发展，必须确保其经济基础。美国政府采取以联邦财政投入为主、多元化资金筹措为辅的社会保障体系。第一，联邦财政出资约占管理局总经费的四分之三，体现了中央事权，稳定的资金来源，保持非营利机构的性质，不受其他因素的干扰。每年管理局都要向国会提交预算执行报告，并提出下一年预算要求。第二，门票和其他的收益。如设施使用费等。运营所得将全部交给联邦政府，而联邦政府则会将大部分资金投入到建筑和维修中。美国国家公园的门票价格普遍较低，反映了全民公益性。第三是社会捐赠。美国的社会捐助制度比较成熟，是部分国家公园的收入来源之一。个人、非政府组织等保护团体通过募集、捐助等方式来筹集资金，以协助国家公园开展自然教育及环境保护建设，社会捐赠所占比重不断提高，从而极大地缓解了政府的压力。第四是特许经营收入。各国家公园通过签订特许经营协议，将 20% 特许经营费收入上缴联邦财政，剩余 80% 留存自用[①]。约塞米蒂国家公园经费来源是国会的财政年度预算，人力资源和维修成本中的大部分是由政府提供的。除了政府的扶持之外，很多国家公园都在利用风景资源来吸引投资。这些丰富多彩的生态旅游项目，不仅能满足人们对自然美景的向往，同时游客的消费活动也成为本地经济的重要来源。

---

① 宋天宇.美国国家公园建设管理的经验与启示［J］.林业建设，2020（06）：1-7.

三、美国国家公园的法律制度

（一）历史沿革

1872—1916 年的初始阶段。1872 年 3 月《关于划拨黄石河上游附近土地为公众公园专用地的法案》和 1916 年 8 月《关于建立国家公园管理局及相关目的的法案》，前者促成了世界上第一座国家公园——黄石国家公园的诞生，后者则在内政部设立了一个全国性的公园管理机构，也就是国家公园管理局。至此，美国国家公园法律体系已基本建立。

1916—1970 年的发展阶段。美国国家公园的法规逐步细化，美国先后颁布《管理者关于过度开发的决议》《荒野法》《国家自然与风景河流法》《国家步道系统法案》《特许经营政策法》等一系列法律，对国家公园的管理作出详细的规定。

1970 年至今的完备阶段。美国也从国外吸收了丰富的经验，制定了一系列的《一般授权法案》《国家环境政策法案》《国家公园及娱乐法案》《国家公园综合管理法》等法律，使得各个国家公园都有了属于自己的单独立法。

表 2-1　美国国家公园立法历史沿革 [①]

立法阶段	年份	法案名称	英文名称
初始阶段	1872 年	黄石国家公园法案	*Yellowstone National Park Act*
	1906 年	古迹遗址保护法案	*Reorganization Act*
	1916 年	组织法（建国家公园管理局）	*Antiquities Act*
发展阶段	1933 年	组织法修正案	*Organic Act*
	1935 年	历史纪念地保护法案	*Preservation of Historic Act*
	1963 年	户外娱乐法案	*Outdoor Recreation Act*
	1964 年	荒野法	*Wilderness Act*
	1964 年	土地和水资源保护法案	*Land and Water Conservation Fund Act*
	1966 年	国家历史保护法案	*National Historic Preservation Act*

① 李如生 . 美国国家公园的法律基础 ［J］. 中国园林，2002（05）：7-13.

续表

立法阶段	年份	法案名称	英文名称
发展阶段	1968年	国家步道系统法案	*National Trails System Act*
	1968年	自然风景河流法案	*Wild and Scenic Rivers Act*
	1969年	公园志愿者法案	*Volunteers in the park Act*
完备阶段	1969年	国家环境政策法案	*National Environmental Policy Act*
	1970年	一般授权法案	*General Authorities Act*
	1973年	濒危物种法案	*Endangered Species Act*
	1974年	考古及历史保护法案	*Archeological & Historic Preservation Act*
	1976年	历史恢复信用法案	*Historic Rehabilitation Tax Credit Act*
	1978年	国家公园及娱乐法案	*National Park and Recreation Act*
	1978年	红木修正案	*Redwood Act Amendment*
	1979年	考古资源保护法案	*Archeological Resources Protection Act*
	1980年	阿拉斯加国家土地保护法案	*Alaska National Interest Lands Conservation Act*
	1990年	美国印第安人洞穴保护法案	*Native American Graves Protection and Repatriation Act*
	1998年	国家公园系列管理法案	*National Park Omnibus Management Act*

（二）法律体系

从纵向看，美国的法律体系自上至下依次为宪法、成文法、习惯法、行政命令和部门法规五个层级。美国国家公园的立法制度主要有国家公园基本法、各个国家公园的授权法、单行法、部门规章及其他相关的联邦法。从横向看，与《国家公园管理局组织法》并行的其他国家层面的法律，例如《国家环境政策法案》和《濒危物种法案》。这种多层次的、纵横交织的法律制度，衔接紧密。美国国家公园在经历了几年的发展后，由单一的多部门管理转变为科学、统一、系统的国家公园法律体系，形成了国家公园的垂直领导的管理体系①。

美国国家公园基本法律是指 1916 年设立国家公园管理局时出台的《国家公园管理局组织法》，并于 1969 年颁布了《国家环境政策法》。国家公园管理局具有独立的法律执行能力，并具有很高的效力。它的执法是由社会来监管的，比较精确。国家公园的授权法是一种非常具有针对性、适应性的法律文件，是根据每个国家公园的实际情况制定的，每个国家公园单独立法，作为管理、监督、执法的重要依据。单行法主要是针对不同类型自然或人文资源的保护而设立的法律，通常在特定的层面上对国家公园的管理和保护作出具体的规定，其中《原野法》比较典型。

表 2-2　法律体系框架

法律层级	名称	发布时间	地位
基本法律	《组织法》	1916 年颁布； 1970 年和 1978 年修改和完善	国家公园体系中最基本、最重要的法律规定
	《国家环境政策法案》	1969 年颁布	美国环境保护基本大法
授权法	《黄石国家公园法案》等授权性立法文件	针对其公园特性及所在地区特性"私人订制"	标志着美国国家公园法走向成熟
单行法	《原野法》	1984 年颁布	适用于美国国家公园的保护和管理

四、美国国家公园的环境教育体系与公众参与

（一）环境教育体系

美国是率先提出国家公园理念和管理体制，也是首个通过国家公园推行环境教育理念的国家。环境教育是国家公园的重要公益职能，使其区别于传统的自然保护区和旅游景区。美国国家公园环境教育体系特征有三点，分别是国家性、公益性、科学性。梳理美国国家公园开展环境教育的发展历程，大致可分为四个阶段：环保理念萌芽阶段（1832—1872 年）、环境教育探索阶段（1872—1916 年）、环境教育体系成型阶段（1916—1985 年）、全面成熟阶段

① 陈星.国家公园比较法研究——以美国、法国、加拿大为例［C］//.新时代环境资源法新发展——自然保护地法律问题研究：中国法学会环境资源法学研究会 2019 年年会论文集（中）.2019：460-465.

（1985年以后）[①]。

表2-3　美国国家公园的环境教育体系发展历程

阶段	时间	内容
环保理念萌芽	1832—1872年	以倡导、呼吁性质的宣传方式为主
环境教育探索	1872—1916年	以公园管理成员自发性的自然生态知识讲解服务为主
环境教育体系成型	1916—1985年	初步形成了环境教育的管理机制，环境教育逐渐科学化、专业化，教育方式也日益多样化
全面成熟	1985年以后	将国家公园作为开展环境教育的最佳载体，形成了覆盖大、中、小学生以及成人教育的环境教育体系

（二）公众参与

公众参与机制始于美国，1969年美国《国家环境政策法案》及其实施条例开启了环境影响评价制度的公众参与机制。美国国家公园的管理和规划等决策，一直重视公众的广泛参与：（1）公众享有充分的知情、参与、监督和决策的权利等法律保障；（2）管理部门制定相关公众参与的制度，让民众参与到规划和建设管理中，并对其监督[②]。

表2-4　美国国家公园的公众参与发展历程 [③]

阶段	公众参与内容
环境咨询	引入公众以及划定议题
划管理分区、识别方案	根据以上的议题进行分析，并选出最优方案
编制管理规划	准备和发布规划草稿，并发布草案公告
修改补充规划	在《联邦公报》上发布决案可得性公告
审批以及发布决议	及时发布信息以确保公众的知情权

---

① 孟龙飞，潘志新，朱万里.美国国家公园环境教育体系特征及启示［J/OL］.世界地理研究：1-16［2022-10-03］.
② 宋天宇.美国国家公园建设管理的经验与启示［J］.林业建设，2020（06）：1-7.
③ 王伟.公众参与在美国国家公园规划中的应用［J］.中国环境管理干部学院学报，2018，28（05）：20-23+89.

第三节　约塞米蒂国家公园的管理实践

一、用户管理策略

如何让约塞米蒂尽可能地保留最原始、最自然的风貌，是管理机构关注的目标。公园管理机构强调，公园内的自然环境所造成的压力，并不只是公园里的游人，公园工作人员、当地居民及土著印第安人在公园里的活动，都会对公园的自然景观产生一定的影响。为了尽量降低人为因素的影响，降低人工使用对自然景观的保护造成的压力，管理机构已全面推行了"用户容量"的管理战略。美国议会于1987年将流过约塞米蒂国家公园的122英里（约197千米）麦塞德河指定为原始风景河流。之后，园区管理机构根据设施布置情况，将滨河地带按设施布局状况分为四大块，每一个区域的游客量都分别制定了相应的门槛。2001年开始执行的《约塞米蒂河谷计划》，把24个小时内的游客数量控制细分为日间游客控制量和夜间游客控制两种。

二、人员管理策略

高素质的人才会带来高品质的管理，而高品质的管理会让整个国家公园运行都能维持高水准。约塞米蒂是现代自然保护主义的诞生地。约塞米蒂国家公园的巡护员是国家公园的重要组成部分，是野生动植物监测、游客服务和公园巡查管理的直接参与者。这些工作职能深受市民的喜爱，巡护员通常由具有高学历的博士或对园区内生物物种、人文或地质历史十分了解的人士担任。约塞米蒂国家公园的特色之一就是精细管理和设计。公园在增加游客容纳量的同时，也在控制游客的进出数量。而通过网上预约，对门票和住宿进行提前管理，也是一种控制游客数量的有效管理方式。

三、合作志愿者计划

美国国家公园的志愿活动历来都是由公园工作人员来协调的。近几年来，由于公园经费的短缺、公园工作人员的减少和游客的增加等原因，国家公园管理局正大力推行合作志愿者计划，扩展合作伙伴关系，出现了国家公园与非营利组织合作管理的志愿者计划。目的是通过增加志愿者和志愿项目的数量，整合利用人力与物力资源，保持国家公园志愿者服务的水平，并保持公众的支持和关注，扩大志愿项目的影响力。目前在 NPS 的 408 个单位中，有 14 个国家公园单位与合作伙伴共同开展了合作志愿者计划，其中包括约塞米蒂国家公园。

约塞米蒂国家公园还率先在政府和非营利组织间签署了合作协议。1923年，双方签署了一项合作协定，允许非营利组织筹集资金，并与国家公园共同进行志愿者计划的联合管理。约塞米蒂国家公园很乐意与社会公众合作，通过招募志愿者进行有关的工作和开展活动。公众参与的方式不但能使民众对国家公园的印象更深刻，产生更广泛的影响，而且也能有效地节省公园的经费支出。在约塞米蒂国家公园的各个部门都有志愿者计划，规模较大的志愿者计划则是由公园和约塞米蒂保护协会（Yosemite Conservancy，简称 YC）联合管理①。其他的非营利机构也会为约塞米蒂国家公园提供志愿者援助，例如希拉俱乐部（Sierra Club）、荒野志愿者（Wilderness Volunteers）等民间环保组织和户外游憩组织。

四、环境教育规划②

环境教育已经成为国际社会的一个热点，也是旅游从业者在进行环境教育时要认真思考的问题。它是旅游者体验愉悦的重要组成部分，也是开展科普教育的重要途径。

---

① 郭娜，蔡君.美国国家公园合作志愿者计划管理探讨——以约塞米蒂国家公园为例［J］.北京林业大学学报（社会科学版），2017，16（04）：27-33.DOI：10.13931/j.cnki.bjfuss.2017060.

② 王爱萍，王连勇.约塞米蒂国家公园环境教育规划初探［J］.中国科教创新导刊，2007（27）：23.

（一）青少年教育规划项目

约塞米蒂国家公园为青少年举办了多项教育项目。这些活动的参与度很高，能让小朋友在趣味活动中领略公园的美丽景致，并能唤起他们的环保意识。

1. 少年巡林员

这个项目有两个类别，一个是针对 3~6 岁的孩子。约塞米蒂国家公园专门发行了一部自导式的旅游指南，名叫《小小童子军》，儿童可以在家长的陪伴下，按照指南上的指示来巡视整个公园，去领略一些他们从来没有见过的奇妙风景。如果这些孩子完成小册子上的全部内容，将会获得一块奖牌，作为对他们工作的肯定和激励。另外一个是针对 7~12 岁的儿童，他们可能是公园里的少年护林员。这些年轻的护林员要把手册上的内容全部完成，还要在公园里捡拾一包垃圾，完成一项引导游客的任务，才能获得一枚纪念章。该计划旨在让儿童了解约塞米蒂国家公园的奇妙景观，并唤起儿童保护国家公园的环保意识。

2. 学生实习者

约塞米蒂国家公园也为学生们提供了一个特殊的实习机会。实习期间，学生不但能了解公园的地质、景观、动植物资源，更能参与到公园管理中来，了解公园的经营方式和经营策略。对实习的学生而言，这是非常难得的了解自然、接受教育的机会。

（二）"发现约塞米蒂"教育项目

约塞米蒂国家公园是一个学习地质、生物、自然和历史的理想教育场所。"发现约塞米蒂"教育项目旨在让公众对这个公园有一个更为全面和具体的认识。该项目分为四个方面：一是公园概况。该部分以手册的形式，对约塞米蒂公园的概况作了简单的介绍，其中包括公园的大小、每年的游客数量、公园中的危险事物、野生动植物的种类等。二是对园区的深度认识。该部分是对园区地质、水文、生物和自然文化的深度介绍。教师和同学们可以在园内的地质课程上用幻灯片和音响设备来模拟地球上的地质演变过程，或者通过虚拟的徒步旅行去参观公园内的相关景点，让学生们能够完全了解和掌握这些知识。三是教师资源。这一部分为教师提供了科学教育的教学资源。许多教师把约塞米蒂国家公园当作户外教室，而约塞米蒂国家公园的教育部门也在想方设法地满足教师的需要。他们为教师准备了大量的教材，教师可以利用约塞米蒂国家公园网站上的网上资料，让他们的课堂更加生动，更加丰富。四是发现中心。这一部分是一个非营利的私人组织，得到约塞米蒂国家公园和美国森林服务部的支持，其目的是为学生提供高质量的环境教育课程。在完成申请和缴纳一定的费用后，学生就可以学习该中心所开设的各种课程，从而获取更多的知识。

（三）现场体验教育项目

这个计划旨在让游客了解这个国家公园的历史。参加者可以在先驱历史中心扮演19世纪到20世纪的先辈，他们对约塞米蒂公园国家公园的建立、发展和保护过程起到重要作用。在仿古的环境中从事先辈所做的工作，为的是让参与者更好地了解约塞米蒂公园的历史、演变、现状和未来的发展方向，更加完整地了解这个公园。为了让这项计划取得良好的成效，约塞米蒂国家公园教育部门提供了大量的有关信息，其中最有代表性的就是《教师手册》。在该小册子里，详细介绍了项目的主题、目标、具体的时间表、具体的活动安排、经常遇到的问题和解决办法及公园的一些管理计划。让参与者提前对项目的整体布置、所要做的准备、所要关注的事项有一个全面的认识，从而对整个项目的完成提供具体的指导。

第四节　经验借鉴与启示

一、加强国家层面立法，提升立法层次

各国在国家公园的立法层次上，大多采取统一的立法方式，并且往往以立法机构为主体，而不是行政机构。要充分发挥国家公园制度建设的法律指导功

能。美国国家公园的法律内容丰富并具体，既有一般性的立法，又有特殊立法；既要考虑管理的普遍性和特殊性，又要根据每个国家公园各自的特点，制定出相应的管理策略[①]。由于我国存在国有资源产权不明确、产权不清、资源不清、开发过度、保护不力等问题，因此建立了国家公园体制。借鉴美国垂直管理体制的经验，我们应该根据我国国情，确定国有公园的产权主体，探索建立由中央直接管、中央委托省管的国有公园体制，划分中央与地方的事权与财权，科学设置机构，逐步建立具有中国特色的、有层次、有效率的国家公园体制。

二、"一区一法"和试点立法

按照国家公园不同园区特有的资源，采取不同的保护方法，并制定相应的管理制度，以确保当地的行政管理有法可依。美国国家公园的立法采用了一般法和专门法相结合的方法，在一般的法律规定下，各国家公园的建设和管理都有自己的独立的法规。由于这些独立的法规是针对园区的现实状况加以补充的，因此其可操作性很强。我国幅员辽阔，环境类型繁多，也存在着许多复杂的环境问题，因此，我国在制定有关国家（文化）公园的相关法规时，可以采用"一区一法"的办法，尽量根据不同区域的实际情况，制定适合不同地域特色的法律，以提高法规的可操作性和实效性[②]。如三江源、普达措、神农架、武夷山等公园，根据不同的国家公园的具体情况，分别制定了国家公园条例，积极尝试"一园一法"。

三、强化生态保护理念，鼓励公众参与

可持续发展的自然生态系统是我国国民经济可持续发展战略的核心。尤其是我国社会发展与自然环境存在矛盾，要从根本上解决这种矛盾，必须实现人与生态的协调，实现可持续发展。国家公园是一个很好的环境教育和可持续发

---

① 杨建美.美国国家公园立法体系研究［J］.曲靖师范学院学报，2011，30（04）：104-108.

② 夏云娇，刘锦.美国国家公园的立法规制及其启示［J］.武汉理工大学学报（社会科学版），2019，32（04）：124-130.

展教育的载体。环境保护性立法往往与人民的利益息息相关，而国家公园的建设更是关系到人民的幸福生活。参考美国国家公园的立法进程经验，除了要与公众进行协商外，还要有一条长久的、有效的渠道和机制，让公众既能参与到国家公园的管理经营中，又能让公众分享国家公园的发展，从而提升居民的幸福感和获得感。

随着美国国家公园的发展，公众对于生态环保意识的认识也随之提高，越来越多的个人及自然保护组织自愿且无偿地参与到国家公园的经营中来。一方面，国家公园的经营主体更加多元化，减少了政府资金和人员的压力；而另一方面，人类对环境保护的认识也可以再度深化。因此，要想持续、有效地发展国家公园，就必须鼓励公众参与到公园的管理和立法工作中来，增强公众的参与性、积极性和主动性，尤其是居住在国家公园附近区域的人们。这些居民长期居住在国家公园附近区域，对国家公园的自然环境非常熟悉，对公园的发展有独特而精确的认识。如果能在特定的国家公园立法程序中聆听他们的意见，就能更符合现实情况，也更有利于国家公园的可持续发展。对公众参与的立法程序，不能采用简单、笼统的法条规定，而应当制定具体的参与细则。如：参与人资格、参与时间、参与方式、参与程序、参与效果评估等。公众参与国家公园建设既是必须的，又是必要的，既有利于增强公民的环保意识，又有利于法律实施，促进社会与自然的协调发展[①]。

四、构建具有中国特色的环境教育体系

一是建立完备的法律保障体系，对具体工作加以进一步的阐述，明确具体的目标和要求，对国家公园环境教育工作发挥系统性的指导作用。二是理顺和完善国家公园环境教育管理机制，为实现国家公园的环境教育功能打好基础。以国家为主导，在国家公园管理局下设环境教育管理部门；秉持公益性原则，成立志愿者部门，逐步建立和完善社会参与机制；坚持科学性原则，设立信息服务中心进行统一规范的规划设计和信息化管理，依托社会科研力量，努力将国家公园打造成为重要的科研基地。三是创新环境教育内容，针对形式单一、

---

① 王佳.美国国家公园立法体系分析［J］.经济研究导刊，2015（17）：296-297.

内容浅显等问题，可以通过聘请具有多学科背景的专业人才，设计具有针对性兼具内容深度和趣味性（户外互动式、沉浸式体验等）的环境教育项目来解决。四是加强人才队伍建设，统筹制定公园员工应该具备和掌握的通用知识与技能，定期对公园员工进行完善的专业技能的培训，加强与科研机构、高校的合作，开展定向培养。

第三章 | 英国·英格兰湖区国家公园

第一节　英格兰湖区国家公园的概况

一、湖区国家公园的起源与发展

英国著名的湖区（Lake District）是追求理想社会的先驱"湖区友社"的诞生地，这里最早兴起了保护优秀自然景观的运动，推动了国家公园的产生。其思想最早可追溯到 19 世纪著名诗人威廉·华兹华斯，他在 1810 年发表的《湖泊指南》中指出："一种国家财产，每个人都有权利和利益，只要有眼睛去感知，有心灵去享受。"这种对自然的深刻认识及对自然风景的热爱，为以后英国国家公园的发展奠定了思想基础。20 世纪 30 年代，休闲爱好者和自然保护主义者，如漫步者协会（The Ramblers' Association）、青年旅社协会（The Youth Hostels Association）和英格兰乡村保护委员会（The Council for the Preservation of Rural England）共同倡导建立国家公园。第二次世界大战后，建立国家公园的运动势头迅猛。终于，1951 年湖区设立国家公园并在 1974 年的行政区规划调整后，湖区被划入坎布里亚郡（Cumbria），"湖区"这一地理上的概念正式得到官方的承认。

表 3-1　湖区国家公园历史时间轴

1936 年	国家公园常设委员会敦促立法
1945 年	《道尔报告》（Dower Report）确定国家公园的概念
1946 年	《霍布豪斯报告》（Hobhouse Report）确定了国家公园的行政系统
1949 年	英国通过《国家公园与乡村通行法》
1951 年	当年 5 月 9 日湖区被选定成为国家公园，8 月 13 日湖区国家公园成立
1995 年	《环境法》对国家公园的保护与管理制度做出了根本性的改变，明确了国家公园管理局的宗旨和职责
2016 年	湖区国家公园的边界扩大
2017 年	湖区国家公园被联合国教科文组织列为世界文化遗产

二、湖区国家公园特点

湖区国家公园坐落在英格兰北部，是英国著名的旅游景点，也是英格兰最大的国家公园。《国家地理杂志》把它列入了 50 个生活必经之地。湖区国家公园靠近苏格兰边界，方圆 2300 平方千米，由 16 个大大小小的湖泊组成。该公园于 1951 年 5 月 9 日被正式指定为英国的第二个国家公园，以其令人惊叹的风景、丰富的野生动物和文化遗产而闻名。英格兰每一处海拔超过 3000 英尺（约 914 米）的地方都位于这个国家公园内，并因 19 世纪初诗人华兹华斯的作品以及"湖畔诗人"流派（Lake Poets）而著称。这里有着英格兰最高的斯科菲峰（Scafell Pike）和英格兰最大的湖温德米尔湖，文化遗产众多，自然风光美丽，丰富的旅游景点和户外线路可以满足不同人群的需要，非常适合家庭旅行。这里有英国最集中的户外活动中心。它是英国登山运动的发源地，人们可以不受限制地进入峡谷，还有广泛的公共通行权。自上个冰河时代末期以来，湖区就有人居住，有着悠久的定居历史，拥有许多史前和中世纪田野系统的痕迹。湖区的岩石提供了近 5 亿年的生动记录，有证据表明大陆、深海、热带海洋和千米厚的冰盖发生过碰撞。该地区也有自己的方言和独特的运动，如猎犬追（hound trailing）、摔跤跑（fell running）和威斯特摩兰摔跤（Westmorland wrestling）。该地区壮观的自然地貌叠加数千年的人类活动，湖泊、农田、瀑布、林地散布于居民点，使每个山谷都有自己的视觉和文化特色。

第二节　英国国家公园的管理体制

一、管理机制：统筹联合与独立管理

英国的国家公园组织机构由三级体系组成。国家层面由不同的部门负责统筹联合，中央层面的国家环境、食品和乡村事务部（Defra）将国内所有的国家公园联合起来。地方层面，英格兰自然署（Natural England）、苏格兰自然遗产部（Scottish Natural Heritage）、威尔士乡村委员会（Countryside Council of Wales，CCW）分别负责其管辖内国家公园的事务。但每个国家公园内都设有国家公园管理局（National Park Authority，NPA）对自己所在的国家公园独立管理，每个国家公园在不违反英国对国家公园的管理规章之下，会自行商定管理办法，有着较高的自主性。但由于英国的国家公园管理局只拥有极少一部分的土地所有权，在这之外的其余大多数土地都属于当地农民、国家信托机构等，所以国家公园管理局会协调有关机构以及农户、信托等土地所有者参与国家公园的建设。除此之外，一些分政府机构也会参与国家公园的管理。总而言之，英国国家公园的管理采取政府资助、地方协助、公众参与的方式进行综合管理[①]。

二、资金机制：大力推进伙伴关系

国家公园的资金来源包括四个途径：政府拨款、社会捐赠、私人企业投资经营、游客赠与，其中政府拨款约占资金总额的三分之二。国家公园为保障日常运行与土地所有者各方利益，开展了丰富的旅游活动，获得较为可观的旅游收入[②]，但尽管国家公园有经济收入，但它本身不是定位于以赢利为目标，基本上都实行低门票或者免门票策略。

但由于最近几年来英国政府财政紧张，因此政府拨付到各个国家公园的经费也受到影响，英国国家公园在此背景下大力发展伙伴合作关系[③]。借助与许多企业、机构、团体的合作，筹集国家公园的运营资金，用以维持国家公园的日常运营与发展。如霍克谢德（户外服装公司）从销售靴子所得中捐款用于解决湖区国家公园中高地道路的侵蚀，后来又从销售海岸线夹克中捐赠资金用于处理国家公园中湖岸侵蚀的问题。1993年，湖区国家公园委员会与坎布里亚郡旅游协会以及国家信托基金一起，建立了湖区旅游和保护伙伴关系，通过游客回报基金来资助保护项目、新兴市场和其他形式的融资。例如，乌尔斯沃特轮船公司从门票销售中提供资金，用于修复广受欢迎的豪镇到格伦里丁人行

---

① 赵西君.中国国家公园管理体制建设［J］.社会科学家，2019（07）：70-74.
② 王应临，杨锐，埃卡特.兰格.英国国家公园管理体系评述［J］.中国园林，2013，29（09）：11-19.
③ 邓武功，程鹏，王全，于涵，杨天晴.英国国家公园管理借鉴［J］.城建档案，2019（03）：80-84.

道；纽比桥酒店资助了通往诺特避暑别墅的人行道通道维护等。

三、法律制度：统一连续的法律支持体系

（一）萌芽与发展

英国国家公园及其法律制度的启蒙和发展深受美国的影响。英国著名诗人威廉·华兹华斯早在 1810 年发表的《湖泊指南》及其一系列赞誉自然的诗歌，推动了湖区甚至整个英国的自然保护运动。在"二战"后重建国家时，英国愈发认识到景观保护的重要性，并由此诞生了一系列有关景观保护的法律政策。1949 年，英国出台《国家公园与乡村通行法》明确了建立国家公园的要求，并确立了国家公园的法律地位[①]；1951 年，英国第一个国家公园峰区国家公园（Peak District National Park）正式设立，同年设立了湖区国家公园。但是英国实行土地私有制，国家公园的大多土地不属于国家所有，因此政府只能通过出台国家、区域、地方规划政策来对国家公园进行管治。在这一时期英国还未形成保护管理国家公园的完整规范体系，对国家公园的规划也较为混乱。1968 年《城镇和乡村规划法》将公众（尤其是社区）参与到国家公园规划中写入法律[②]；在 1972 年通过了《地方政府法》（Local Government Act 1972），授权国家公园作为独立的规划主体，可以独立行使规划的权力。《地方政府法》规定了英国国家公园规划制度的初步模型，至此，英国国家公园的立法体系有了进一步的发展。

英国于 1977 年建立了国家公园管理委员会，这是英国第一次在国家范围内实行对国家公园的统一管理，并建立了一套关于国家公园的法律体系，在诸多方面明确并细化了参与其中者的责任和义务。1995 年《环境法》（The Environment Act）确立了"以保护优先于一切利益"的管理理念与原则，并对其设定国家公园的目标进行了界定：（1）自然美景、野生动物和文化遗产的保护与提升；（2）让民众有机会了解和享受国家公园的优质自然环境。《环境法》

---

① 张立. 英国国家公园法律制度及对三江源国家公园试点的启示［J］. 青海社会科学，2016（02）：61-66.

② 秦子薇，熊文琪，张玉钧. 英国国家公园公众参与机制建设经验及启示［J］. 世界林业研究，2020，33（02）：95-100.

确立了英国国家公园的管理体制与规划体制，为英国国家公园的法律制定提供了一个重要的参考，是英国国家公园立法中具有里程碑意义的法律。

除此之外，英国有许多法律对国家公园发展过程中的不同层面进行了约束与规定，例如《乡村和道路权法》（*The Countryside and Rights of Way Act*，2000）、《规划和强制购买法》（*Planning and Compulsory Purchase Act*，2004）、《当地政府和公共参与健康法》（*Local Government and Public Involvement in Health Act*，2007）和《规划法》（*Planning Act*，2008）等[①]。

英国颁布的一系列法律法规会定期或依据需求更新修订，这一方面反映英国的国家公园法律重视与时代、现有法律体系的匹配，另一方面反映英国国家公园相关机构即使不是为某一事务的专设机构，也可在制定政策时考虑国家公园保护的需求。英国有关国家公园不断细化、完善的法律体系使得国家公园的管理保护有所保障。

（二）主要特征

1. 多元参与的管理体系

国家公园管理局位于国家公园保护的一线，负责国家公园中具体事务的处理。在国家公园管理过程中，涉及多机构的协同管理，而在这其中，国家公园管理局提供了交流平台，承担了进行内部协调的任务，此外，国家公园管理局还需确保农户和居民等个体土地所有者能够参与到国家公园的管理中来。

实际上，英国国家公园的管理离不开当地居民，当地居民是国家公园管理的基础，乃至于国家公园管理机构的组织及日常运行都依靠当地居民、非政府机构以及其他的利益相关者。英国国家公园的管理依赖各个利益相关者之间的共同合作，最终形成以政府为主导、各非政府主体共同参与的模式，这不仅让英国的国家公园拥有灵活的保护政策，也确保了这些保护政策的进一步落实。

2. 保护优先的管理目标

英国于 1995 年颁布的《环境法》中确定了国家公园的设立目标，即将保

---

① 邓武功，程鹏，王全，于涵，杨天晴. 英国国家公园管理借鉴 [J]. 城建档案，2019（03）：80-84.

护自然与生态作为首要任务，与此同时促进当地旅游业的发展，带动经济发展；但所有活动都要在不违背"桑德福原则"（Sandford Principle）的前提下，也就是说保护优于一切[①]。总体而言，英国之所以设立国家公园，其最重要的目的就是为了保护自然，任何开发活动都要在不破坏环境的前提下，这一初衷使得国家公园在发展历程中，保护永远是重中之重。一方面，对国家公园内的开发活动进行了有效的限制，避免其大肆扩张；另一方面，确保现在已经施行的开发活动不会对环境造成严重的破坏。

3. 多层次的规划管理

《国家公园与乡村通行法》中规定，各国家公园均应制订其管理计划，以便依据公共利益，对其土地利用及发展加以管制，以减少对土地所有者财产权利的冲击。规划是英国各个国家公园管理工作的核心内容，科学、合理的规划可以推动各国家公园健康发展。英国国家公园规划分为三个层次：管理规划、核心战略规划和其他规划。管理规划相当于一个整体计划，它是对国家公园整体的全局规划；核心战略规划是在管理规划的基础上，对其核心部分的进一步深化，是一个近期的发展计划；其他规划则等同于专项计划，是对管理计划和核心战略规划的深化、细化和补充。

4. 有效的人口限制措施

人口的增加汇聚，会对国家公园的生态造成损害。所以，英国国家公园对人口执行严格的控制。国家公园借助对建筑面积进行限制，以限制国家公园中人口的增长，如需要扩大现有建筑，可将建筑面积再扩大，上限为 10%，且国家公园管理局会引导大家采用对环境无害或损害较小的材料，让其采用适宜的建筑形式、粉刷适配度较高的颜色，使其容易通过规划审查。在房地产开发上，政府对休闲住宅的建造进行了严格的管制，只对那些在国家公园工作的人们提供经济实惠的住房，从客观上对外来人口进行了限制。一方面，限制公园现有建筑的发展，从源头上限制原居民的人口数量；另一方面，对园区的房地产开发进行了严格的控制，以遏制外来人口的流入。这一系列政策旨在减轻由

---

① 李爱年，肖和龙.英国国家公园法律制度及其对我国国家公园立法的启示［J］.时代法学，2019，17（04）：27-33.

于人口增加而给国家公园带来的环境压力。

四、规划制度：保护、分享、发展为核心的规划设计

英国国家公园管理局设有规划部，负责制定本国家公园的管理规划，在国家公园庞杂的规划政策中，最为重要的是国家公园管理规划以及英国法定规划体系下的区域规划和地方规划。由于英国采取土地私有制，国家公园的规划政策需要在满足国家、区域、地方三方政策的基础上，使土地所有者接受规划要求。

英国国家公园的规划在阐述本公园现在的自然环境状况、公园保护实践中遇到的困难以及未来的战略方向外，其主体由保护、分享、发展三方面构成。首先是保护，规划中要涵盖公园自然景观的保护、文化遗产的保护、自然生物的保护以及原始生活方式的保护。其次是分享，规划中要涵盖丰富的社区活动、公共娱乐项目，以体现英国国家公园以人为本的人文理念。最后是发展，规划中要涵盖公园通过旅游业等商业措施刺激当地经济发展的方案，以及对公园内因公园保护而遭受经济损失的社区居民的福利项目。

为了保证规划编制的科学合理，英国国家公园在起草、制定规划的过程中普遍建立起了合作伙伴机制，由规划部与地方政府、环保机构、慈善机构和园内土地所有者、社会组织以及能提供专业建议的专门机构等各类利益相关者商讨，以集思广益，形成共识和集体行动方案。通过国家公园立法和分权管理制度，保证了英国国家公园规划制度的权威性和严肃性，为国家公园的科学合理发展提供了保障。

国家公园管理局对于内部计划的申请审核非常严格，必须由主席团成员共同商议，并向公众公布，没有异议或吸收所有人的意见后，才能通过。比如湖区国家公园，每年有 800 多项规划申请，在这之中 90% 的申请可以通过，大约 10% 的申请被驳回，被驳回的申请中有大约一半会上诉至中央社区部，上诉能够成功的规划申请大约占 50%。国家公园管理当局认为，这是一个依据实际情况进行调整后的结果，是可以接受的事实。

第三节　湖区国家公园的实践探索

一、管理制度探索

1991 年，湖区国家公园审查小组发表了报告。审查小组的设立是为了判定影响国家公园实现其目的的主要因素并提出建议。包括国家公园官员约翰·图希尔在内的专家组提议对国家公园管理系统进行根本性变革，其主要建议之一是建立不受地方当局控制的新国家公园管理机构。这在 1995 年《环境法》中生效，并导致湖区特别规划委员会解散。

审查小组的另一项重要建议是，应成立国家公园管理局协会，在国家层面倡明国家公园的观点，并就政策和立法向政府提供建议。这样一个协会很快成立，其成员包括每个国家公园管理局的主席。

管理局及其前身所做的大部分工作都是与合作伙伴一起完成的，如国家信托基金会和湖区之友，长久以来一直与国家公园密切合作。林业委员会也一直存在，虽然它并不总是与管理局意见一致，特别是当木材生产是其首要任务时，将其职权范围扩大到包括保护和娱乐的范畴则是非常有助于其与国家公园的协同。联合公用事业会（United Utilities）也是如此，它从曼彻斯特公司手中接管了集水区和水库的所有权，虽然它的行动步调并不总是与国家公园管理局的一致，但双方已经实现了积极和富有成效的工作关系。过去，国家公园管理局曾被一些人视为坎布里亚郡中可有可无的一部分。现在这种情况已经得到改善。管理局努力成为坎布里亚郡不可分割的一部分。最近向政府提交的坎布里亚地方企业伙伴关系提案就是一个例子。在提交的文件中，管理局主席比尔杰弗斯强调，包括国家公园管理局在内的坎布里亚郡相关机构一致敦促坎布里亚郡应该能够通过建立自己的伙伴关系来塑造自己的命运。令人高兴的是，政府接受了提案，并且管理局在所有合作伙伴中占有一席之地。毫无疑问，与地方当局和其他合作伙伴合作对实现国家公园的目标变得越来越重要。幸运的是，在湖区运营的许多机构和组织都给予了支持和鼓励，表现出合作意愿。这些均反映在湖区国家公园合作伙伴关系的建立中以及国家公园管理计划的合作伙伴关系中。

二、法律制度探索

（一）摩托艇使用制度探索

1968 年，《乡村法》（*The Countryside Act*）首次赋予国家公园当局权力，其有权限制或规范湖泊上的船只的使用。湖区国家公园联合规划委员会一直关注一些湖泊上因各种类型船只的数量迅速增加所引起的问题。委员会认为只有在较大、更容易到达的湖泊上，才应该允许与鼓励摩托艇的使用，否则可能会对湖泊环境等产生较大的影响。考虑到这些问题，委员会就一项禁止摩托艇进入小湖泊的建议进行磋商，并讨论对部分地区摩托艇实行限速，且在温德米尔引入摩托艇登记计划。到 1974 年联合规划委员会解散时，这些讨论尚未完成。然而，禁止机动船只进入 20 个小湖泊和塔恩斯的文件于 1970 年获得授权，随后于 1974 年实施。

（二）湖面使用制度探索

湖区委员会曾十分关注对湖面使用的控制，曾为禁止电力驱动的船只进入湖区国家公园的湖面制定了《细则》文件，并且文件于 1974 年 3 月得到内政大臣的确认。湖区委员会还提议对科尼斯顿、乌尔斯特沃特实行时速 10 英里的限速，并涉及对乌尔斯沃特（Ullswater）的分区规划。新的审计委员会通过了这项建议，并于 1974 年底向内政部提交了一些有关建议的确认文件。1976年夏天，内政部对拟议的建议进行了旷日持久的公开调查，争论主要集中在乌尔斯沃特。直到 1978 年 1 月，部长才最终做出决定。他采纳了检查员的结论，即鉴于在湖上航行的普遍权利，对乌尔斯沃特进行分区管控是不切实际的，并拒绝确认现有的《细则》。相反，他表示，他确认了在五年内对乌尔斯沃特实行速度限制的建议，但没有同意有关分区管控的意见。最终，委员会以修订的形式为乌尔斯沃特制定了《细则》，这版《细则》最终得到部长的确认，并于1983 年生效。

三、文化遗产的整体性保护

1. 加入"蓝牌计划"[①]

将国家公园内的名人故居保护加入英国的"蓝牌计划"，被纳入其中的建筑成为受保护的文化遗产，不得随便拆除或任意改建。

2. 细节处保护

比如鸽舍和丘顶都是湖区典型的农舍建筑，共同点是室内空间逼仄，所以两处都采用定时参观的方式（a timed-ticket system），出售的门票上会标注准确的参观时间，等一批游客参观完之后下一批游客方可入内；又如在布兰特伍德庄园[②]承办婚礼等活动时，会尽力避免食物接近某些特定区域；再如波特小姐[③]婚后的住所现在仍在出租，但是会谨慎选择租户等等。

3. "丛集"的保护形式

湖区国家公园并没有对物质文化遗产与非物质文化遗产进行刻意区分，而是将其看作整体进行保护。例如华兹华斯故居，除主体建筑鸽舍外，与主体相邻的华兹华斯礼品店、博物馆、餐馆以及华兹华斯家族墓地，由华兹华斯诗歌中重要意象得名的"水仙花园"等，共同围绕鸽舍构成了华兹华斯文化遗产"丛集"，从而使得湖区国家公园在展示文化遗产的同时，将遗产与游客生活联系起来。游客借助故居、墓地、博物馆等了解华兹华斯的生平与作品；餐馆与礼品店在服务游客的同时，将华兹华斯带入游客的生活空间[④]。

四、公众参与机制

在湖区，政府、个人、社区、志愿者代表等共同组建了湖区国家公园合作

---

① "蓝牌"是英国遗产委员下设的名人故居保护的专门机构蓝牌委员会向大伦敦地区的世界名人故居发放的一种证明。
② 布兰特伍德庄园是英国著名艺术家约翰·拉斯金的故居。
③ 赵翠凤.比阿特丽克斯·波特与"彼得兔"[J]世界文化，2013（06）：16-17.
④ 方静文.文化遗产的古今关联——以英国湖区的文化遗产保护实践为例[J].西北民族研究，2019（04）：199-207.

组织，共同维护湖区的生态环境，同时也鼓励市民通过参与制定规划、捐赠等多种形式参与到保护工作中来。个人参与、社区参与及社会组织参与共同组成了湖区国家公园中文化遗产保护的公众参与体系。

湖区文化遗产与湖区名人的互动与成就，体现了传统遗产保护中的个人参与。湖区的名流们，不但把这里的一草一木都展现在了他们的作品中，更将他们的美学与对故乡的情感传递到了社会与大众。湖区的自然美景使诗人深受感动，成就了"湖畔诗人"华兹华斯，与此同时塑造了湖区的美名。著名的童话作家波特小姐以湖区景物为灵感来源的系列童话闻名，她的一生都致力于湖区景观的保护，并为此投入了大量的精力与财力，她曾借助购置土地和农场来支持传统的畜牧业与农作方式，在她去世之后，将财产全部都捐献给了文化遗产保护组织国家信托。

社区参与同样是湖区国家公园公众参与的一大体现。文化创意公司依托当地传统的牧业生计方式，开发具有当地特色的文化产品：从当地牧民处收购羊毛等原材料，在英国境内寻找生产商，并借助其营销体系将产品销往国内甚至海外市场。然后，公司再将其中部分盈利回馈社区，用于当地的文化遗产保护。在此过程中，古老的文化遗产借由新的创意和产品在当下创造出新的价值，而且与当地人的日常生活产生了联系，有利于传统生计的延续。文化遗产、企业与社区的共融共生得到了彰显，当地人的能动性得以激发，文化遗产保护的可持续性因而得以形成。

除个体参与和社区参与之外，在湖区文化遗产保护中扮演重要角色的还有各种各样的社会组织。鸽舍的保护在很大程度上要归功于华兹华斯信托（Wordsworth Trust）。这家成立于1891年的慈善机构，致力于为全世界喜爱华兹华斯和英国诗歌的人们永久保留这处地方。为此，该机构尽心尽力地保护鸽舍以及华兹华斯留下的其他文化遗产如手稿、信件等，同时在接手之初就将鸽舍向大众开放，直至今天。该组织还通过举办各种活动使得文化遗产与人们的当下生活发生关联，比如举办展览，设立工作坊，开设相关课程，组织讲座、读诗会等等，并为那些想要从事博物馆或文化遗产相关工作的人提供培训和实习的机会[1]。

---

[1]　方静文.文化遗产的古今关联——以英国湖区的文化遗产保护实践为例［J］.西北民族研究，2019（04）：199-207.

五、接待中心——布罗克霍尔（Brockhole）

在湖区国家公园特别规划委员会成立的最初几年，布罗克霍尔作为解释不断变化的湖区的中心而越来越受欢迎。到 1977 年，这里每年接待约 17 万名参观者前来观看展览、观看各种湖区主题的视听演示、听讲座、逛商店、享用自助餐厅或只是漫步在湖边的花园和野餐。精彩纷呈的活动吸引了众多学校聚会、教育团体和海外参观者。布罗克霍尔接待中心也是当地与国家相关保护机构的关注焦点，他们使用中心的设施并发现布罗克霍尔让他们获得与公众广泛交流的机会。

第四节　经验借鉴与启示

一、重视文化遗产的古今关联

在保护文化遗产历史价值的同时，凸显其当下意义。文化遗产保护，着眼于遗产的历史价值但不限于历史价值，其当下意义需要通过古今关联的理念来显现；文化遗产保护，着眼于遗产本身但不限于遗产本身，而更着眼于社会的发展和民众的福祉。在实践中，这一理念借由从微观到宏观的整体保护以及由个体、社区和社会组织构成的广泛的公众参与得以落实。其中整体保护着眼于文化遗产的整体生态，对文化遗产"丛集"和社区福祉的强调不仅建立起文化遗产与今人的古今关联，且具有可持续性；公众参与将当地居民、游客、社会组织等多种力量通过会员制、志愿服务等方式纳入遗产保护的体系，从而成为遗产保护的重要依托。更重要的是，在此过程中，文化遗产开始变得与人们息息相关，人们既可以为遗产保护贡献力量，也可以共享遗产保护的历史价值与当下意义，由此实现文化遗产的共有和共享。

二、健全国家公园法律体系

英国国家公园综合型管理体系，实现了由英国中央政府宏观指导、公园管理局具体管理、非政府机构和社会民众共同参与管理的灵活模式。在国家宏观指导下，非政府机构和社会民众有序参与到其中，从而大幅度提高管理效率，最大限度的发挥环境保护、教育和旅游业发展的多重功能。国家公园在调整各方主体利益过程中，完善的法律制度是其根本保证。我国可以借鉴英国有关国家公园的法律体系，制定不同效力等级的国家公园立法，形成宪法—国家公园专门法—行政法规—地方性法规和地方政府规章等法律体系，明确国家公园的管理主体、规划主体及各主体之间的职责划分，并与现有的法律法规良好形成的衔接和协调，为参与国家公园保护活动的各主体提供有效的行为规范。

三、树立多元共治理念

从英国国家公园建设和管理的经验来看，公园的管理形成了以政府为主导、非政府组织及社区居民参与的多元共治的良好局面，减少了国家公园在建设和管理过程中的保护与发展之间的矛盾。

我国国家公园建设面临的情况与英国国家公园建设面临的情形十分相似，在我国的国家公园内有较多的永久性居民点，例如武夷山国家公园试点区域总面积982.59平方千米，生活于其间的常住人口达到3万多，平均超过了30.5人/km^2，我国应适当借鉴英国国家公园经验，对处于不同功能分区中的居民进行引导迁出、签订有偿的保护协议，用以鼓励社区居民参与国家公园管理，将更多除政府之外的力量纳入国家公园保护者之中。

四、多元的资金渠道

足够的资金保障是各项保护制度落地的基本保障，资金的缺乏导致相关规划制度无法落地。国家公园设立的主要目的是保护具有国家代表性的大面积自然生态系统，这让国家公园在发展空间上会受到限制，即便国家公园可以在保护的前提下进行一定水平的开发，但其盈利手段与盈利水平远不如旅游景区。因此我国国家公园在建设之初尤其需要政府资金的支持，如设立自然保护地基金、生态保护补偿制度、建立完善野生动物肇事损害赔偿制度和野生动物伤害保险制度等方面，需要保障资金来源，在保护的前提下还可以开展生态教育、自然体验、生态旅游等活动，国家公园通过合理引入社会资本，进行一定程度开发，提升保护区居民生活水平，从而引导居民改变原来对公园生态产生影响的生产方式。

五、依据自身情况确定发展路线

尽管在英国建立国家公园之前，美国便已经建立了世界上第一座国家公园——黄石国家公园，但英国并没有照搬美国国家公园的建设体制，反而是依据自身情况对本国国家公园的管理体制进行探索。英国与美国国家公园管理体制上的不同主要体现在以下几点：

（一）保护理念

与美国近似于"一张白纸"的荒野上建立国家公园不同，英国国家公园是在国家高度工业化的背景下建立的，英国无法将原住居民迁出，也无法组织民众进行观光活动[①]。这也使得两者在国家公园的保护理念中有所不同。美国首先提出的国家公园保护理念是"荒野保存"，倡导"非人为干预"，强调对人类的接触、利用活动进行限制；而英国则重视文化遗产的古今关联，重视非政府组织、社区居民等多种力量共同参与国家公园的保护，以"丛集"的方式，让物质文化遗产与非物质文化遗产留存于人们的日常生活中，从而实现对文化遗产的有效保护。

（二）垂直管理与综合管理

美国国家公园的管理以"环境保护"与"全民公益"的理念为重，在具体实践中，其经营权与管理权分离，由联邦政府中内政部下辖的国家公园管理局进行直接管理，辖地政府无权干涉；而英国国家公园由于土地大部分是私人所有，所以其管理体制是在多方协同下的综合管理体制，实现对国家公园的有效管理[②]。

总体而言，我国国家公园应在适合我国国情的基础上，对各国的管理机制、资金机制、协调机制等酌情借鉴，建立有中国特色的国家公园管理体制。

---

① 马洪波.英国国家公园的建设与管理及其启示［J］.青海环境，2017，27（01）：13-16.
② 马勇，李丽霞.国家公园旅游发展：国际经验与中国实践［J］.旅游科学，2017，31（03）：33-50.

第四章

德国·巴伐利亚森林国家公园

第一节　巴伐利亚森林国家公园的概况

德国国家公园的建设起步较晚，巴伐利亚森林国家公园作为第一个国家公园于 1970 年创建。历经五十多年的发展，相继建立了 16 个国家公园，国土占比 2.7%，同时也形成了各具特色的保护风格，尤其体现在对生物多样性的保护以及对生态环境的改善等方面。德国人口数量是欧盟中最高的，较高的人口密度使其不可避免地面临着如何协调人与自然和谐相处以及自然保护等问题。而国家公园作为保护地中的重要类型，在德国拥有较为重要的地位。

以上诸多特点与我国国情有相似之处，因此探寻德国国家公园的建设与发展，对于我国国家公园建设有借鉴意义。而巴伐利亚森林国家公园作为德国首个创立的国家公园，在规划管理上具有代表性，同时对于我国国家公园的发展也有一定的参考作用。

一、德国第一个国家公园——巴伐利亚森林国家公园

巴伐利亚森林国家公园是德国历史上的第一座国家公园，占地 24 250 公顷，与马来西亚的首都吉隆坡的面积相当。公园与捷克的苏玛瓦国家公园接壤，构成欧洲中部最大的成片森林保护区。这片生长于联邦巴伐利亚与捷克波希米亚交界处的茂盛森林，拥有着直冲云霄的参天大树与森林覆盖率高达 95% 的山脉，与其他自然景观共同构成公园的独特风光。

巴伐利亚森林国家公园的发展历程可谓经历了酝酿与筹备、建立与巩固以及转折与新发展三个阶段，其历史可以追溯到"二战"前。在 1939 年前后，当地政府与环保人士认为应保护好当地丰富的森林与动植物资源，提出建立国家公园的想法并进行了初步规划，但"二战"的爆发使得这个想法被暂时搁置。经历战后二十多年的休养生息，巴伐利亚建立国家森林公园的提议再次出现在大众眼前。1966 年开始，社会关于是否建立以及如何建立国家公园展开了一场大讨论。1969 年 7 月，德国联邦政府批准了建造巴伐利亚森林国家公

园的法令。同年 11 月，国家层面正式通过建造决议。1970 年 10 月，巴伐利亚森林国家公园举行了开幕典礼，宣告正式建立。在建立与巩固阶段，公园以优化自身建设以及给公众带来更好的服务等为目标，通过竞标的形式在诺伊舍瑙建立了一座形似"蛋塔"的信息中心；创建了分设两个独立运营部门的巴伐利亚森林国家公园管理局，6 年后撤销两个部门改建为统一运营的国家公园管理局；在巴伐利亚自然保护法案中首次对国家公园一词进行阐述并初步确定了国家公园对森林景观的保护任务与目标。1983 年，巴伐利亚森林国家公园遭遇了一场灾难，公园也因此过渡到转折时期。公园内 175 公顷的云杉在暴风雨的摧残下被连根拔起，相较于清理修复，公园选择了保留并任其自由发展。而后经过不断发展完善，形成了巴伐利亚森林国家公园独具特色的保护理念。

二、巴伐利亚森林国家公园的独特之处

（一）自然至上

巴伐利亚森林国家公园一贯的理念是 "Let nature be nature"，即 "让自然保持自然"，保护是所有工作的重中之重。自公园正式建成后，它就致力于减少人为对自然的干扰，让大自然顺其自然，不经驯化地、自由地发展，即 "让大自然变成它应有的模样"。然而这种理念的形成也不是一蹴而就的，是在公园发展的历程中历经曲折、不断完善形成的，既吸取了来自现实的教训，也有当地政府与环保人士的共同努力。从最初对自然资源的保护，例如从单一地对动植物以及地形地貌的保护，逐渐转向对自然过程的保护。如今保护自然与其发展的动态过程是巴伐利亚森林国家公园的重要工作内容。这种转变不只发生在巴伐利亚森林国家公园，德国以及整个中欧地区也日益重视对过程的保护。

正是秉持着这种理念，巴伐利亚森林公园自由自在地生长着规模巨大的丛林、深邃的湖泊以及巍峨的山峰，还包括许多野生动物，共同构成自然的生态系统。巴伐利亚森林国家公园使自然生态按照自然界的内在法则发展，使游客在任何时候参观公园都能领略到真正的自然风光，体验到不受人类控制和操纵的独特天然性质。

（二）资源丰富

巴伐利亚森林国家公园拥有令人惊叹的自然景观和动植物资源。巴伐利亚森林是由一望无际的森林、深邃的湖泊以及巍峨陡峭的山峰共同组成的生物多样性热点地区，正如奥地利作家施蒂弗特所说："在你还未看到巴伐利亚森林前，不要说什么是美丽的！"巴伐利亚森林国家公园坐拥偌大的巴伐利亚森林的一部分，正如其名，以大面积的森林景观为特色，并且因为几乎没有外在的人为干预，公园的森林覆盖率达到了惊人的 95%。除了大面积的森林外，园内还有开阔的沼泽地带、清澈的山涧小溪以及冰川湖泊——拉赫尔湖。公园全年气候温和，地形起伏较大，较大的海拔差异使得其成为一个天然的动植物物种博物馆，包含众多罕见的珍稀动植物。

（三）设施完备

巴伐利亚森林国家公园除了丰富的自然资源以外，还开设了多姿多彩的便民设施以确保游客在不干扰自然生态的同时，尽可能地接近自然、感受自然，体味自然之美。从长达 300 多千米、路标清晰的漫游路线网到绵延 350 千米的碎石小径，从长约 80 千米的滑雪道到近 200 千米的自行车道，还包括外形独特的信息中心以及玩耍露天空地和救助中心等等，都建立在贴合地势与自然生态的基础之上。旨在激发人们对大自然的敬畏之心，唤起保护环境的意识，积极探索一种与自然和谐共处的模式。

园区内还建有"世界上最长的树顶步道"——巴伐利亚森林树顶步道。栈道的观景塔是巴伐利亚森林国家公园的标志性建筑之一，呈螺旋状构造，大部分由木材制成，与"完美融入山林景观，和自然和谐相处"的建造宗旨相契合。从远处看，树顶步道形似"鸡蛋"形状，全长 1300 米，整体高度为 44 米。"塔"内装配有直达栈道的电梯，树顶步道还备有轮椅，为老年人、残障人士提供便利。游客可以沿着螺旋状的步道盘旋而上，步道上设有 7 处信息站点，可以了解森林的基本信息和社区居民的大体生活情况。这些信息兼顾专业性与趣味性，经常吸引成年游客和青少年游客驻足阅读。在行进途中，游客还可以近距离观察各种苔藓植物、昆虫、小动物和鸟类。在栈道的末端建有一座信息中心，不仅为游客提供了休憩之地，同时也为参观者提供了关于巴伐利亚森林的更多细节。站在观景塔顶端，游客可以欣赏到未被破坏的巴伐利亚森林和雄伟的阿尔卑斯山山脉的全景，朝东北方可以看到卢森峰，朝南可以看到森林的文化景观，栈道全年开放，游人得以观赏森林的四季景象。

第二节　巴伐利亚森林国家公园的立法体系

德国国家公园的建设时间较短，相关立法经验主要依托于早期自然保护区的建设。根据《联邦自然保护法》，德国自然保护地共分为 11 种类型，分别是自然保护区、国家公园、国家自然历史遗迹、生物圈保护区、景观保护区、自然公园、自然遗迹、受保护的景观要素、受特别保护的栖息地、动物栖息地保护区、鸟类保护区①。德国自然保护地立法框架可以概括为横向分类维度与纵向分级层面，横向分类指"基本法＋专类法＋相关法"的立法模式，纵向分级指"联邦—州—园区"三级行政管理，国家公园属于自然保护地的重要类型，其立法体系遵循类似的立法框架②。

一、德国国家公园立法体系概况

（一）横向分类体系

德国自然保护地立法的横向分类体系可以概括为"基本法＋专类法＋相关法"的立法模式。基本法层面，联邦颁布的《联邦自然保护法》（又称《联邦自然保护和景观规划法》）作为统筹，制定保护与管理的一般性原则，是德国自然区域保护和管理的基本法规。该法第四章对国家公园的划定标准和保护目的等内容作出规定与解释。除了联邦层面设立基本法，各州在《联邦自然保护法》的指导下依据具体情况制定州自然保护法。州级的自然保护法是对联邦的条款作进一步的规定说明，并且对于不同于联邦法的例外情况作出补充说

① 李然.德国保护地体系评述与借鉴［J］.北京林业大学学报（社会科学版），2020，19（01）：12-21.DOI：10.13931/j.cnki.bjfuss.2019103.
② 陈保禄，沈丹凤，禹莎，洪莹，简单，干靓.德国自然保护地立法体系述评及其对中国的启示［J］.国际城市规划，2022，37（01）：85-92.DOI：10.19830/j.upi.2020.311.

明。因为国家公园大部分建立在原有的州有林地基础之上，联邦政府统一颁布的《联邦森林法》的相关条款也适用国家公园的法律法规制定。

对于专类法，联邦层面没有设立统筹的法律，而是各州按照"一区一法"模式，对具体的某个国家公园制定法律法规。在德国的自然保护地类型中，国家公园对大尺度荒野保护的重视程度最高，强调保护自然发展的过程。因为国家公园对保护等级要求最为严格，各州必须设立专类立法。例如巴伐利亚州设有《国家公园法》[①]，包括国家公园要求和建立目的、规划与发展、保护与维护、组织机构、惩罚条款、其他条款六大部分内容，其中第一部分有关国家公园的要求和建立目的与联邦层面的《联邦自然保护法》的框架条款形成照应。

相关法主要起到补充与参考作用，更具针对性与专业性，主要存在于欧盟层面、联邦层面和州层面。例如联邦层面的《联邦物种保护条例》《环境影响评估法》等，对于特定资源或物种进行详细规定，是基本法的补充，也是专类法的参考。

（二）纵向分级体系

纵向分级指"联邦—州—园区"三级行政管理。德国作为一个联邦共和制国家，联邦与州均享有一定的立法权。根据德国基本法，立法权可分为联邦专属立法权与竞合立法权两个部分，环境保护与国家公园等事项属于竞和立法权限范围，即"联邦仅对国家公园的建设提出指导性的框架规定，由各州具体通过法律法规予以规定和保护"[②]。联邦政府与各州政府之间有着明确的分工。德国宪法规定自然保护相关的法律应由联邦政府来制定，构成各州相应立法的框架条款；各个州基于联邦法律框架条款，形成州政府一级的法律法规。州政府在实施联邦法律的过程中拥有一定的自主权，但要遵从联邦法律的基本内涵。

可以说，在自然保护地体系的立法中，主要包括欧盟、联邦、州、园区四个层级。联邦层面以高度宏观的《联邦自然保护法》作为统筹，是德国自然区域保护和管理的基本法规，处于框架性指导地位。各个州必须基于此制定国家

---

① 巴伐利亚森林国家公园官网"Aifgaben und Ziele（任务与目标）"页：https://www.nationalpark-bayerischer-wald.bayern.de/ueber_uns/aufgaben/index.htm.

② 蔚东英，王延博，李振鹏，李俊生，李博炎.国家公园法律体系的国别比较研究——以美国、加拿大、德国、澳大利亚、新西兰、南非、法国、俄罗斯、韩国、日本10个国家为例［J］.环境与可持续发展，2017，42（02）：13-16.DOI：10.19758/j.cnki.issn1673-288x.2017.02.005.

公园法律法规。州层面，各州政府依据国家公园所属的地区划分，决定国家公园的相关建设问题，制定与之符合的特定法律，州与州的法律处于相互平行的地位，大体以"××国家公园（保护／建立）法"格式命名。州层面的法律是对联邦一级法律层面的补充和具体要求。园区层面的相关立法建立在具体国家公园的基础之上，是对该国家公园的空间范围、保护目的等内容作出的详细规定。

二、德国国家公园立法体系特点

（一）纵横结合，框架完善

德国对于自然保护地的立法建立了层级完善且清晰的空间规划体系。在横向分类维度层面，从基本法到专类法再到相关法，三类法律在内容上有衔接、补充等关系。在联邦一级立法层面，是"基本法＋相关法"模式，州一级层面则在原有基础上添加专类法，即"基本法＋专类法＋相关法"的模式。基本法是专类法的上位法和制定依据，与相关法互为补充、参照。与基本法相比，专类法对发展区域提出了更为详细具体的保护和发展要求。

在纵向分级层面，建立了"联邦—州—园区"三级行政管理体系。正如上文所述，联邦仅对国家公园的建设和发展提出指导性的框架，各州依据所在地的具体情况设立相关法律法规，是对联邦一级法律的补充和具体要求。具体到各个园区层面，以园区自身实际情况为核心，制定更为详细的整套相互配合的法律法规与其他行政规章。

（二）立法统一，统筹兼顾

德国在自然保护地的法律制定上采取政府主导的立法模式，自上而下有着明确的层级关系以及分工，联系紧密。具体而言，联邦政府在制定自然保护相关的法律时起到统筹的作用，负责国家公园的框架性、统一性的立法，联邦层级的基本法是各州相应立法框架条款的主要构成。各个州的法律法规设立必须基于联邦法律框架条款。与美国相比，德国州政府针对国家公园立法享有更大的自由裁量权，但在制定国家公园法律法规时必须遵从上位法所作出的规定以及联邦法律的基本内涵。州与州制定的法律、行政规章在内容与格式上大致相同，在具体的规定上结合地方实际作出相应调整。

（三）一区一法，因地制宜

德国国家公园作为保护等级要求最为严格的自然保护地，各州都有"一区一法"形式的专门立法。"一区一法"的立法模式使得各个国家公园能够依据自身具有的独特资源开展不同类型的保护方式，更具针对性。在遵循基本法的基本内涵与原则的基础之上补充保护目标以及相应的保护措施，对开发建设、行为活动等做出更为详细的规定。各个园区在此法的指导下开展规划、管理、保护等具体工作。

第三节　巴伐利亚森林国家公园的管理体制

一、德国国家公园管理体制概况

（一）注重保护与功能发挥的管理理念

1. 保护为先

德国将国家公园视为极其宝贵的自然和文化遗产，并规定国家公园为仅次于自然保护区的保护地类型，注重对国家公园的保护工作。根据德国《联邦自然保护法》的规定，国家公园需要"完全没有或仅在有限程度上受到人类干预"。该法规强调应尽可能确保国家公园在自然发展过程中不受干扰，只有在"保护目的允许情况下"，国家公园才能开展其他活动，如科学研究、教育实践等活动都尽可能地安排在边缘地带开展，减少对自然的打扰以及干预。"让自然保持自然"是德国国家公园建设和管理的一项指导原则，在这一原则下，每个国家公园都设立了"荒野区域"，即没有任何人为干扰的区域，并努力让"荒野区域"占到公园整体面积的至少75%[①]。

---

① 张慧中，陈效卫，孙广勇.国外国家公园建设 多措并举加强生态保护［J］.科学大观园，2022（10）：38-41.

2. 注重功能发挥

德国国家公园除了将自然保护作为首要目标外，也非常注重国家公园其他功能的发挥，主要包括休闲功能、教育功能以及科学研究功能。德国的国家公园管理更倾向于从保护的角度来开展旅游等一系列活动以达到对园内资源的合理开发和利用，强调环境教育的重要性，通过让游客了解园内的资源信息以达到增强民众对国家公园资源保护的支持。众多国家公园园内设有专门的宣传教育中心，重点对儿童进行环境保护教育。同时也通过讲解、发放公园手册宣传等方式来提高游客的环保意识。而在科学研究方面，公园的主要保护区也是科研工作开展的重点区域。

（二）地方自治型的管理体制

由于各国国家公园划定、主要事务的管理、监督等不同，世界各国的国家公园管理体制大概可分为三类，分别是自上而下型（中央集权型）、地方自治型以及综合性管理体系。德国国家公园采取地方自治型的管理体制，即联邦政府仅制定宏观性、框架性的政策法规，地方州政府负责国家公园的各项管理事务，对公园进行实质性的管理，具体包括国家公园的划定、相关管理政策和法律法规的制定等。州政府在联邦政府所制定的法律法规框架下细化形成州政府一级的法律法规，在遵从联邦法律的基础之上享有一定的自由权。德国国家公园实行地方自治管理与其土地权属问题密切相关。德国土地所有权有三种类型，分别是联邦和州政府所有、基层政府或教会所有以及私人所有[①]。而实际情况则是大部分土地所有权归属于州政府，国家公园所处辖区也大部分归属于州政府，因此州政府管理国家公园是最适宜的。

（三）分工明确的管理机构设置

德国国家公园采取地方自治的模式管理国家公园，其在国家公园的管理机构设置上也遵循"垂直分布"的模式，即设立一个处于上位的主导部门负责统筹国家公园的各项事务，而将公园的管理事务细化安排到不同的部门及下属机

---

① 朱晓娜. 我国国家公园管理体制研究［D］. 山东大学，2020.

构[①]。各部门机构职责不同，分工明确。在联邦层面，国家公园的主管机关为隶属于德国环境保护部下的联邦自然保护局，主要负责国家公园的框架性规范制定、教育宣传等宏观管理事项。而联邦下的各州政府是国家公园的最高管理主体以及国家公园相关事项的协调主体，依据所在地的具体情况决定是否建立国家公园、制定相关法律法规以及协调与其他州政府、组织部门之间的沟通协调等事项。因为国家公园采取"一区一法"的立法模式，由各州政府进行实质管理，州政府根据情况制定具体法律。在州政府的领导下，管理机构可分为三级：一级机构为国家公园主管部门（州立环境部）；二级机构为地区国家公园管理办事处；三级机构为县（市）国家公园管理办公室。二、三级机构负责国家公园的专业管理，在遵循国家基本法的基础上自主地进行国家公园的管理与经营活动[②]。

除了国家公园管理局和办公室之外，各州还依据国家公园法设立两个委员会以实现有效协调[③]。其中，国家公园顾问委员会成员涵盖来自联邦、州以及地方各代表，还包括相关协会和科研机构等，旨在能够使其他部门和利益相关者参与到国家公园的管理工作中。而国家公园地方政府委员会由国家公园所在地方的市长、县长组成，旨在协调国家公园与地方政府之间的关系。如果国家公园管理局与地方委员会意见不一，可以向州级的国家公园主管部门报告裁决。

（四）科学合理的管理分区模式

德国国家公园根据公园内部的资源稀缺程度、保护的特色和可否有人类的活动等因素将国家公园分区保护。尽管每个国家公园的分区类型不尽相同，德国国家公园大体可被划分为核心区、限制利用区和外围保护区三类区域[④]。核心区的保护等级最高，禁止人类在此区域内的一切活动，以此来保护公园内丰富的自然文化资源；限制利用区域内允许开展与公园相适应的保护利用活动；

---

① 蔚东英.国家公园管理体制的国别比较研究——以美国、加拿大、德国、英国、新西兰、南非、法国、俄罗斯、韩国、日本 10 个国家为例［J］.南京林业大学学报（人文社会科学版），2017，17（03）：89-98.

② 国家林业局森林公园管理办公室，中南林业科技大学旅游学院.国家公园体制比较研究，中国林业出版社，2015：62-63+70-73.

③ 巴伐利亚森林国家公园官网"Aifgaben und Ziele（任务与目标）"页：https://www.nationalpark-bayerischer-wald.bayern.de/ueber_uns/aufgaben/index.htm.

④ 孙政磊.国家公园管理法律制度研究［D］.河北大学，2018.

外围保护区的领域很少，相应的保护等级也较为宽松。在上述划分类型的基础上，州政府可依据自身情况进行灵活调整。通常情况下州政府会依据国家公园的管理需求，对某一类分区进行细化以便于日常管理与维护。

二、巴伐利亚森林国家公园的具体实践

（一）融入公园的保护理念

巴伐利亚森林国家公园最大的特色即秉持"让自然保持自然（Natur Natur sein lassen）"的观念，保护是一切工作的核心。"让自然保持自然"作为公园的座右铭，贯穿在公园的自我建设与发展中。巴伐利亚森林国家公园的首要目标与任务就是保护原生态的自然景观以及生态系统，使其能够在没有人为干预的情况下自由地发展，即保留自然更替的过程。巴伐利亚森林国家公园管理局指出公园的目标是到 2027 年，将不进行管理地区的比例增长至 75%。除了对公园内部的动植物资源进行保护，没有被列入国家公园范围内的森林也由公园来保护和管理，尽可能地维持整个生态系统的均衡，并在城市与公园之间形成一个自然的缓冲地带。

巴伐利亚森林国家公园对自然的保护不仅体现在宏观层面，公园还鼓励民众参与到公园的日常工作中，建立完善而丰富的"志愿者在公园"的服务机制[①]，与其他国家公园志愿者共同构成覆盖全德国的国家公园志愿者网络。公园完善而丰富的实习与志愿者制度为民众创造了更多参与公园管理并改善周边环境的机会。据公园官方网站介绍，巴伐利亚国家公园管理局目前共有 200 余名雇员，与此同时还提供了一定数量的实习机会，积极招纳志愿者，构成了更加庞大、不断更新的志愿者队伍。

（二）拥有极大自主性的管理模式

与德国地方自治型管理体系一致，巴伐利亚森林国家公园也采用地方管理模式，国家公园相关规划、建设、发展保护等事宜由巴伐利亚州政府下设的国家公园管理局负责，国家公园管理局拥有较高的自主性。根据联邦政府颁布的

---

① 张慧中，陈效卫，孙广勇.国外国家公园建设 多措并举加强生态保护［J］.科学大观园，2022（10）：38-41.

《联邦自然保护法》，巴伐利亚州政府制定州一级的法律——《巴伐利亚州自然保护法》，对自然保护区以及国家公园的规划做出了更为详尽的规定。国家公园管理局的工作便依据《联邦自然保护法》《巴伐利亚自然保护法》和《国家公园条例》开展。

从发展的角度来看，巴伐利亚森林国家公园的管理部门经历了从五个森林管理局到两个独立运营的国家公园办公室和国家公园森林办公室，再到合而为一的巴伐利亚森林国家公园管理局，从繁至简、整合统一。不同的部门职权不同，分工合理明确，更具针对性，有利于提高工作效率。

（三）与自然紧密贴合的开发利用

与德国对国家公园功能发挥的重视相一致，巴伐利亚森林国家公园也积极利用自身资源以发挥出更大的价值，体现在教育、研究以及休闲三个领域。公园在其对外开放的官方主页上明确指出，公园除了将自然保护作为首要目标外，还应服务于自然体验、自然历史教育、科学知识和本地区的系统性推广。保护作为巴伐利亚森林国家公园的首要目标，融入到了公园开展的所有工作之中，是公园开发利用的整体性原则和要求。在此原则的指引下，公园利用自身丰富的自然资源开展一系列活动，极大地发挥了公园的价值。

国家公园作为大型的自然保护区，是不可多得的鲜活教育资源，不仅体现在其蕴含的丰富自然资源，还体现在其给世人提供了观察和感受大自然变化的机会。在巴伐利亚国家森林公园，教育的内容不仅蕴含在公园的自然生态中，还蕴含在与自然紧密贴合的建筑设施中，重点强调环境教育。通过解说、实物展示以及发放宣传手册等形式让游客切身了解到园内资源的各种信息，理解资源与保护的重要意义，进而唤醒游客对环境的保护意识，加强国民对国家公园资源保护的支持。巴伐利亚森林公园通过线上的官方网站与 App 以及线下园内设立的信息中心，向游客传达更多有关公园的各项信息，提供了教科书一般的宝贵教育资源。

科学研究方面，公园内部设立的重要保护区是进行科学研究的主要场所。正是公园"让自然保持自然"的保护理念使得不受人为干预的自然过程得以大规模发生，为研究者提供了独一无二的研究地。自公园建立以来，无数研究人员得以在这片自然之地上展开实验和研究，迈出了他们学术生涯的第一步，得到了较之学院实验室从规模和效度上都不可比拟的宝贵数据。许多研究都被相关顶级期刊收录，走进世界各地的学术会议乃至学校课堂之中，在全球自然保护和研究领域拥有着极高声誉。可以说巴伐利亚森林国家公园为世界的生态和自然保护贡献了独特的价值。

国家公园作为保护等级较高的保护地，其旅游业的发展更倾向于从保护的角度为国民提供休闲娱乐的场所，不仅秉持"让自然保持自然"的理念，也致力于把自然更好地带给游客。一方面利用园区内的独特景观给游客提供自然友好的娱乐和体验形式；一方面通过开发打造便利服务设施来搭建游客与自然的沟通桥梁，例如上文提到的巴伐利亚森林树顶步道、徒步旅行者和骑自行车者的示范性标记路径网络以及一些为残障人士提供的特殊服务等，无一不体现着公园对游客的人文关怀。

第四节　经验借鉴与启示

一、注重保护，坚持可持续发展

"让自然保持自然"是德国国家公园建设和管理的一项指导原则，充分体现了其保护特色，不仅是对资源的充分保护，也强调对过程的完整性保护。注重保护的理念不仅体现在政府统筹制定的法规条例之中，也在民众意识中充分彰显。正因为环境教育与浓厚的保护氛围，德国人普遍具有较强的森林情节，表现出了对森林保护相关工作的巨大热情。纵观巴伐利亚森林国家公园的规划、建设与发展，我们可以感受到"让自然保持自然"理念的深入贯彻，通过国家公园的建设将环保的理念植入到每一个国民心中，将公园融入当地人文社会。

中国在建设国家文化公园时也应注重对文化遗产和文化资源的充分保护，将保护作为公园建设、规划与发展的基本原则，通过各种方式充分激发公众的保护意识。在法律法规以及政策中充分体现保护的重要性。借鉴巴伐利亚国家公园将理念融入到公园建设中，将保护为主的理念通过信息公开、设施建设等方式传递给公众，切实提高国民的保护意识，实现文化的保护传承利用。

二、完善立法框架，尝试试点立法

德国国家公园作为自然保护地的重要类型，已经建立了相对成熟的立法体系。横向上，构建了"基本法 + 专类法 + 相关法"的立法模式，对于国家公园等保护等级高的保护地按照"一区一法"的形式设立专类法。纵向上，形成了"联邦自然保护法——各州自然保护法——'一区一法'专类法"的完整结构，由联邦统筹，再至州一级，最后到园区。

对比德国，横向上我国以国家公园为主的各类型保护地立法尚不完整，纵向上缺乏高等级统筹立法 ①。国家文化公园是具有国家代表意义的文化遗产和资源的聚集地，其规划建设与管理需要有较为完善的法律体系，德国较为成熟的立法框架可以为我们提供一些参考。德国在国家公园立法上多采用统一立法模式，制定统一的国家公园法以实现统一管理，同时采取"一区一法"的模式，给予地方更大的自主权。我国可尝试"一区一法"和试点立法，在国家和地方层面均保留一定的立法权。针对国家文化公园的代表性资源以及具体情况确定不同的保护方式以及发展规划，制定相应的管理办法或条例，提高地方管理的效率，实现有法可依、有章可循。

三、注重便民设施，体现人文关怀

在德国巴伐利亚森林国家公园内部，我们可以明显地感受到极具特色的便利服务设施，处处体现着浓厚的人文关怀。这些设施不仅给游客提供了便利，更是公园景观的一部分，向外界传达了"公园是每一个人的公园"的理念。参考德国巴伐利亚森林公园依据地势与植被景观而打造的观景塔，以及标志清晰的漫游路线网、自行车道等公共设施，在便利游客的同时唤起人们对自然的敬畏，于无形中加强了公众的保护意识。

国家文化公园是彰显我国文化遗产和文化资源的重要空间，也是具有特定开放空间的公共文化载体。其内部的各项设施建设应从更好地展示公园文化资源出发，结合文化资源特色打造独特便利的设施景观，更好地对外展示公园的

---

① 陈保禄，沈丹凤，禹莎，洪莹，简单，干靓 . 德国自然保护地立法体系述评及其对中国的启示［J］. 国际城市规划，2022，37（01）：85-92.

资源。与此同时，也应注重给游客提供更为便捷的服务，不仅彰显了人文关怀，也将在环境的作用下带给游客更为触动的体验。

四、完善信息公开方式，提供多渠道了解途径

巴伐利亚森林国家公园通过线上以及线下的方式打造信息传递的途径，给外界提供深入了解公园历史与发展等信息的机会。在线上，巴伐利亚森林国家公园官方网站以及 APP，将园区各项信息进行梳理，详尽地展示在官方网页上，为公众提供了非常丰富的信息。线下打造了公园独特的建筑——形似"鸡蛋"的观景塔，在其内部设置信息站点展示公园的相关信息，兼顾专业性与趣味性，引人驻足。

我国在建设国家文化公园时可以借鉴德国线上线下两种方式打造专业的官方网站以及实体的信息披露点。线上通过打造以某一文化为主题的国家文化公园网页，将公园的文化内涵、发展历史以及各类资源进行梳理整合对外展示。线下通过将文化信息融入到景点建设中，通过极具特色的信息外展方式，使游客对国家文化公园建设与文化内涵有更加充分的理解。

五、充分利用，发挥教育与科研功能

德国巴伐利亚森林公园重视公园其他功能价值的有效发挥，在保护的基础之上开展一系列活动，通过与学校建立合作关系、招募志愿者以及科学研究等使公园发挥出更大的价值。

国家文化公园蕴含着丰富的文化遗产和文化资源，是国家的宝贵财富，也是发挥文化教育、科学研究等功能的重要载体。巴伐利亚森林国家公园充分利用自身资源开展一系列活动，不仅对社会产生了积极的影响，也助推了自身的发展。因此，我国在建设国家文化公园时可以参考巴伐利亚森林公园开展形式多样的活动，例如通过开展趣味性的互动项目，针对不同阶段的学生设计不同的教育游览方案，招募志愿者与实习生参与到国家文化公园的建设中等，来发挥出国家文化公园更大的价值。

第五章

新西兰·亚伯塔斯曼国家公园

第一节　新西兰国家公园的概况

一、基本情况

新西兰位于南半球的南太平洋南部，属温带海洋性气候，是一个地广人稀的国家。新西兰总体国土面积为 26.87 万平方千米，主要由北岛、南岛及一些其他小岛组成，其中山地和丘陵占总面积的 75% 以上。新西兰拥有大量的古老生物，是世界上研究古生物系最好的地区，从最早的原始鸟类到现代鸟类，几乎囊括了鸟类演化的所有种类。与丰富的鸟类物种形成鲜明对比的是，新西兰地区哺乳动物种类极少。此外，新西兰还拥有大量的稀奇物种，其生物多样性在全世界范围内都是极少见的，世界上 90% 的昆虫和海洋软体动物、80%的树种、25% 的鸟类、60 种爬行类、4 种蛙类和 2 种蝙蝠仅存在于新西兰[①]。新西兰具有良好的生态环境和极高的森林覆盖率，又因其所处地理位置与地球上的几个大陆板块相隔较远，所以新西兰的生态系统是在一个孤立的环境中独立进化而成的，其金字塔食物链呈现缺失塔尖的结构特征，生物物种的竞争能力较弱，所形成的生态系统极具脆弱性，也更容易受到外界的影响[②]。

新西兰是世界上最早建立国家公园的国家之一。自从有人类居住开始，在这一千多年的时间里，新西兰当地土著毛利人过度的农业生产、大量欧洲移民带来的牲畜和外来物种都已经严重威胁到了这个脆弱的生态环境，国土森林覆盖率持续下降，原有物种大量灭绝。由于生态的不断恶化，新西兰民众开始重视对生态环境的保护，国家和政府开始着手建设国家公园和保护区，以保护其脆弱的生态环境。毛利部落首领蒂修修图基诺四世（Te Heuheu Tukino Ⅳ）于 1887 年在新西兰建立了第一座国家公园——汤加里罗国家公园（Tongariro

---

① 杨桂华，牛红卫，蒙睿，马建忠.新西兰国家公园绿色管理经验及对云南的启迪 [J].林业资源管理，2007（06）：96-104.

② 郭宇航，包庆德.新西兰的国家公园制度及其借鉴价值研究 [J].鄱阳湖学刊，2013（04）：25-41.

National Park），直到今天，新西兰一共建立了 14 座各具特色的国家公园，总面积 30 669km²，占新西兰国土面积的 11.34%，具体如下表所示：

表 5-1 新西兰国家公园概况一览表

公园名称	建立时间	位置	面积 /km²	公园特色
汤加里罗	1887 年	北岛	796	双重的世界遗产地
埃格蒙特 / 塔拉纳基山	1900 年	北岛	335	休眠活火山，具有典型的垂直带谱景观
亚瑟通道	1929 年	南岛	1144	南阿尔卑斯山脉中部，有很多海拔超过 2 000 m 的山峰
亚伯塔斯曼	1942 年	南岛	225	野生动物和鸟类资源丰富
峡湾	1952 年	南岛	12 519	新西兰面积最大的国家公园
奥拉基 / 库克山	1953 年	南岛	707	新西兰南岛中部山脉最为集中的地方
尤瑞瓦拉	1954 年	北岛	2127	主要景观为原始雨林和珍贵动植物种群
尼尔森湖	1956 年	南岛	1018	主要景观为山峦、湖泊、森林和江湖
西部泰普提尼	1960 年	南岛	1175	垂直带谱明显
阿斯帕林山	1964 年	南岛	3555	蒂瓦希普纳默世界自然遗产的一部分
旺加努伊	1986 年	北岛	742	以原始森林、农庄和牧场、毛利人文化为特色
帕帕罗瓦	1987 年	南岛	306	以岩溶地貌著称
卡胡朗伊	1996 年	南岛	4520	有大量的洞穴系统，分布着许多珍稀的动植物
拉奇欧拉（拉基乌拉）	2002 年	离岛斯图尔特岛	1570	岛屿风光，栖息着几维鸟、黄眼企鹅等珍稀鸟类

二、完善统一的政策法规体系

新西兰的国家公园管理涉及的法律法规主要是立法，保护部（Department of Conservation）的总体政策、保护管理策略和各个国家公园管理规划中所制定的具体管理工作也是需要参考的重要文件。与此同时，还必须遵循毛利土地法院（Māori Land Court）和怀唐伊法庭（Waitangi Tribunal）的先例[1]。

---

① 鲁晶晶 . 新西兰国家公园立法研究［J］. 林业经济，2018，40（04）：17-24.

在国家公园建设方面，新西兰一直以来都注重政策法规体系的建设，不断完善国家公园的保护管理系统，在此过程中经历了几次重大转变，从最初自治性的法律政策健全为后来规范性的法律体系。按照时间顺序，新西兰国家公园法规发展历程主要经历了以下几个标志性节点：1980 年，新西兰颁布了《国家公园法》（*National Parks Act 1980*），由国家保护部负管理职责，法规共 8 个章节 80 个条款，现已废除 24 个条款，该法规对分区管理、特许经营等重要制度和公园内狗的控制、犯罪等行为管理等方面进行了详细规定；1987 年，新西兰颁布了国家的保护大法《保护法》（*Conservation Act*），作为新西兰国家公园保护与管理的重要依据，其他自然保护相关法均服从于《保护法》，此法规内容设立了保护部，并规定了其管理和保护新西兰所有国土上自然和历史资源的任务，这些资源主要包括动植物、其赖以生存的空气、水和土壤、自然景观地貌以及 1980 年《历史遗迹方案》（*Historic Places Act*）所规定的历史资源[①]；1989 年颁布的《新西兰自然保护区体系法改革方案》，是基于 1987 年颁布的《保护法》所进行的进一步的修改和完善，鼓励社区参与到国家公园的管理中来，充分体现地方政府的地位；在资源管理方面，为了实现统一化、标准化、高效率、高经济效益及生态保护的管理目标，新西兰于 1991 年将国家 60 余部有关资源管理的法律法规整合成了《资源管理法》（*Resource Management Act 1991*），其宗旨和原则是"自然和物质资源的可持续管理"。自此，新西兰形成了以《保护法》（*Conservation Act 1987*）、《国家公园法》（*National Parks Act 1980*）、《资源管理法》（*Resource Management Act 1991*）、《野生动物法》（*Wildlife Act 1953*）为主的一个较为完善的自然生态保护法规体系，其核心思想是将生态保护和资源利用相结合。

总体政策是保护部对相关法律法规如何执行的一种指导性意见，具体通过保护管理策略与规划实施，搭建起了一座相关法规与具体规划之间的桥梁。新西兰根据《国家公园法》制定了《国家公园总体政策》（*General Policy for National Parks*），对国家公园的管理提供总体指导；根据《保护法》制定了《保护总体政策》（*Conservation General Policy*），《保护总体政策》对保护管理策略和规划制定做出了要求，要依据《保护法》相关条例对自然和历史资源提

---

① https://environment.govt.nz/publications/the-state-of-new-zealands-environment-1997/chapter-four-environmental-management/new-zealands-environmental-legislation/

供指导，但这项政策里并不涉及国家公园①。根据《国家公园法》和《保护法》规定，三者的位阶顺序依次是立法、总体政策、保护管理策略与规划，总体政策制定时通常是根据法律法规的要求从整体上提出相应要求，要避免条例过于细化的问题，以便于在规划中根据新技术、新手段以及具体资源状况进行调整②。

　　保护管理策略是以 10 年为周期的区域性策略，新西兰的每个保护区域都有一部保护管理策略。保护部将新西兰所有国土分为了 11 个保护区域，保护区域与行政区域并不具有一致性，每个保护区域都制定了对应的保护管理策略，为区域内的公共土地、水域和物种提供保护方向和总体要求，针对区域内的私人土地仅仅提出建议，国家公园也遵守其所在地的保护管理策略。在制定保护管理策略时，要考虑到与现有的《保护法》《国家公园法》《资源管理法》等法律规范和保护部实施的相应管理规划结合起来。

三、科学鲜明的法律制度

（一）经管分离的特许经营制度

　　新西兰有着严格的特许经营制度。特许经营是指国家公园的餐饮、住宿等娱乐设施公开向社会招标，所得收入将全部投入到国家公园的基础设施建设当中去。从新西兰的相关法律基础上来看，《保护法》第三章与《国家公园法》第四十九条均规定个人或组织的任何游憩行为，无论是否具有营利性质均需要特许经营权。所有的特许经营者还需要负责包括员工、顾客、施工人员以及公众等在内的所有人员的安全，时刻监控并避免特许经营设施对国家公园造成不利影响。

　　新西兰国家公园的特许经营制度本着公平、公开和公正的原则，由唯一的授权权力机构——国家保护部严格按照有关规定进行特许项目的审批，具有兼顾保护和休憩两功能、两权分离、特许经营项目分散和时间短等特点。两权分离是指特许经营权的施行形成了国家公园管理者和经营者两个角色的分离，国家公园的管理机构是非营利性质的机构，而特许经营的收入可以投入到国家公

---

① https://www.doc.govt.nz/about-us/our-policies-and-plans/general-policy/

② 鲁晶晶.新西兰国家公园立法研究［J］.林业经济，2018，40（04）：17-24.

园维护和管理当中，进一步协调了经济效益和资源维护之间的平衡关系。项目分散和时间短是指国家公园中的不同项目会特许给不同经营者，根据项目性质的不同可划分为三类特许经营项目：第一类项目是一次性活动项目，对环境造成的影响很小，不含永久性建筑，其特许经营期限不超过 3 个月；第二类项目是影响较小、无需公示的特许经营项目，这类经营活动造成的影响相对容易识别检测，其特许经营期限不得超过 5 年；第三类项目是影响大、需公示的特许经营项目，这类项目会影响公众利益，必须严格按照审批制度公开申报，其特许经营期限可以超过 5 年，但不可能长达几十年。

（二）广泛的公众参与制度

新西兰在国家公园保护与管理方面具有广泛且有效的公众参与制度。参与主体主要包括国家公园所在地的原住民群体、感兴趣的个人或团体以及其他民间组织、协会等，他们可以参与到国家公园管理与建设的各个环节中来。参与方式主要有宏观和微观两个层面。从宏观层面来看，普通民众可以被提名并任命为保护委员及保护局的相关职位，进而代表公众参与到国家公园的立法、保护和监督等工作中去；从微观层面来看，那些私人土地被规划到国家公园的居民，可以通过与政府共同管理或者联合保护经营的方式直接参与到国家公园的管理与维护中去，其他居民可以以监督管理者、游客的身份进行间接管理。与此同时，《保护法》和《国家公园法》也明确了当地毛利人应参与到国家公园管理中去的相关要求。因为在毛利人的传统文化观念中，大自然是非常神圣的，人们作为大自然的守护者与管理者，应当在不破坏自然环境的前提下进行其他活动，毛利人的参与可以有效加强对国家公园自然与历史遗产的保护。

四、严格有效的管理体制

新西兰国家公园管理理念的核心观点是"生态保护"，即注重自然景观的原生态保护。此观念的形成与新西兰的发展历史有关。新西兰的现代旅游业是在绿色农牧业的基础上直接发展而来的，旅游业和农牧业作为新西兰发展绿色经济的支柱产业，决定了资源和环境保护在新西兰国家发展中的至高地位。新西兰始终坚持在自然保护的前提下追求经济和社会的可持续发展模式，实现了国家层面上的绿色管理①。

新西兰国家公园在以"生态保护"为核心的管理理念指导下，历经数年的发展，逐步形成了以自然生态保护为核心，以政府管理为主导，公众积极参与的"垂直与公众参与管理模式"的管理体制。新西兰议会是新西兰目前最高的环境保护管理机构，政府管理又主要分为中央和地方两个层级，中央下属负责的机构分为环境部和保护部，环境部对环境部长负责，属于政策机构，其职责是处理相关环境政策、由环境引起的立法和法案问题；保护部对保护部长负责，属于管理机构，负责保护包括自然和人文资源在内的所有资源；地方管理机构主要有地方管理办公室和野外监测站。此外，由保护部代表政府直接管理12个中央核心保护管理部门和14个地方保护管理部门②。

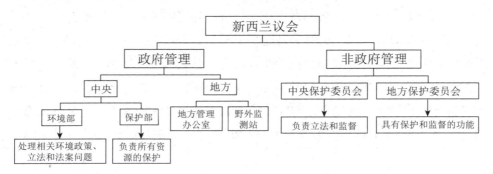

图 5-1 新西兰国家公园管理体系

非政府管理主要是由公众参与管理并形成的一些组织，新西兰典型的非政府保护组织是保护委员会。保护委员会是由13个来自不同地区、不同产业的代表所组成，独立于政府之外，代表公众的意见，主要负责立法和监督，各省级也下设地方保护委员会，具有保护和监督的功能。此外，新西兰的土地所属权是归公民私有，如果国家公园保护区规划在私人土地上，政府则需要购买土地或者以联合保护经营的方式同私人达成协议，共同建设和管理保护区。其中，政府购买是指政府按市场价格收购私有土地，后由国家设立机构单独管理或与当地居民共同管理；联合保护经营是指政府与当地居民签订协议，明确规

① 郭宇航，包庆德.新西兰的国家公园制度及其借鉴价值研究［J］.鄱阳湖学刊，2013（04）：25-41.

② 窦亚权，何江，何友均.国外国家公园公众参与机制建设实践及启示［J］.环境保护，2022，50（15）：66-72.

定土地只能用于保护和旅游开发。这就是公众直接参与国家公园管理的管理模式，公众还可以自发参与到国家公园的日常维护当中来，并对管理层和旅游者进行监督，从而达到间接参与管理的目的。

五、全面的资金机制

在历史发展过程中，新西兰生态保护管理探索出了以政府财政支出、基金项目、国际项目合作和特许经营所得收入为主的生态资金支持模式。政府财政是新西兰国家公园生态保护的主要资金来源，政府每年预算投入高达1.59亿美元用于国家公园维护和管理工作。此外，新西兰也充分利用了基金这一平台，通过它来保证公众对生态的关注与支持，如"国家森林遗产基金"（Forest Heritage Fund）[①]。新西兰的社会基金可以被用来进行生态保护，其中一个最主要的原因在于生态保护在新西兰的深厚的民众基础及至高地位，政府每年都会花费大量资金用于维护国家自然生态环境，新冠疫情爆发后新西兰政府已拨付11亿新西兰元的恢复资金用于1.1万个与恢复相关的工作岗位。此外，新西兰还通过各类国际项目，例如与国外自然保护区开展国际间合作的方式来筹集资金。

第二节　亚伯塔斯曼国家公园的概况

一、基本情况

亚伯塔斯曼国家公园（Abel Tasman National Park）处于新西兰阳光最多的塔斯曼大区，坐落在新西兰南部岛屿的西北部，周边与莫图伊卡（Motueka）、塔卡卡（Takaka）、凯特里特里（Kaiteriteri）等城市相邻。该公园占地面积仅有225平方千米，是新西兰所有国家公园中规模最小的，但它同时也是新西兰

---

① 郭宇航，包庆德.新西兰的国家公园制度及其借鉴价值研究［J］.鄱阳湖学刊，2013（04）：25-41.

最具特色的国家公园之一，以黄金沙滩、花岗岩悬崖与亚伯塔斯曼海滨步行道而闻名于世。该国家公园游客数量也一直位居新西兰国家公园首位，这有赖于其所处的温带海洋性气候以及四季均可游玩的娱乐项目。该公园以温带海洋性气候为主，无酷暑严寒，最低气温一般在零度以上，最高气温大多在20度以下。

二、历史溯源

1957年5月7日，《纳尔逊晚报》将亚伯塔斯曼国家公园地区描述为"一条鲜为人知的海岸线⋯⋯除了从海上进入很难到达该地区，而且几乎保持着史前时代的状态"。亚伯塔斯曼国家公园的名称取自于荷兰探险家亚伯·塔斯曼（Abel Tasman）的姓名，1642年12月，塔斯曼曾在如今的瓦伊努伊附近海域停泊并尝试登陆，成为了发现新西兰的欧洲第一人。但当地的土著人却对他们抱有敌意，最终造成4名船组人员被杀的悲惨结局，而塔斯曼自己也没有踏上这片土地，不得不匆匆离去。1942年12月，为纪念亚伯塔斯曼到来的300周年，新西兰以其名建立了亚伯塔斯曼国家公园。

三、旅游资源特色

（一）探险猎奇的不二之选

亚伯塔斯曼国家公园主要以山地地形为主，公园最高海拔1156m，分布有大量第三纪沉积花岗岩和少量的石灰岩与大理岩，易被风化和侵蚀，土壤肥力较差。亚伯塔斯曼国家公园不仅有海岸风光、原始森林、滩涂浅溪等自然景观，还容纳着极其丰富的自然资源，植被以温带雨林和温带草原为主，并覆盖有一定面积的高山植被，近海岸生长着公园内1/3左右的濒危植物。公园内动物物种繁多，野生动物主要包括国鸟几唯鸟、海燕、企鹅、铃鸟、燕鸥、苍鹭等，还有鹿、山羊、野猪和海豹等其他动物，是探险猎奇的不二之选。

（二）放松休闲的绝佳之地

除了独特丰富的自然景观和自然资源之外，四季皆可游玩的娱乐项目使得亚伯塔斯曼国家公园成为了新西兰南岛人气最旺的国家公园。亚伯塔斯曼国家公园位于南岛边界，旅游者可徒步、乘船或乘独木舟前往。公园的避风港是体验航海和海洋独木舟的绝佳去处，还有机会观赏到经常在这个海域里出没的海豹和海豚。著名的亚伯塔斯曼海滨步道也是新西兰风景最优美的步行道之一，51 千米的步道沿着海岸延伸，穿过了原始灌木丛、石灰岩峭壁及黄金海滩，是每一个热爱步行人的绝佳选择。

亚伯塔斯曼国家公园充分发挥了户外运动和沙滩休闲的魅力。在亚伯塔斯曼，你可以徒步或乘坐游轮饱览黄金海岸的美景，挑战双体帆船、水上的士或海上休闲皮划艇横渡海滨乐园。另外，还可以沐浴在阳光之下，或潜入水中享受静谧的海底时光。如果你想要享受家一样的舒适，也可以选择公园内的豪华海滨别墅，在璀璨的星光下慢慢入睡，享受与世隔绝的宁静与休闲。

四、旅游发展现状

美国黄石国家公园是世界上第一个国家公园，每年接待游客超过 300 万人次，相比较而言，亚伯塔斯曼国家公园的年接待量不足 20 万。其中，以国际游客居多，且白日游客量所占比重较大。园中旅游基础设施以园区交通、宿营、配套等为重点，在建筑上严格遵循环境保护的原则，并根据游客数量的变化规律，制定相应的量化标准，以达到不求多，但求环保与实用的目的。

五、其他注意事项

关于住宿问题。首先要注意的是，免费露营在亚伯塔斯曼公园是不被允许的。其次，在亚伯塔斯曼公园两端，南面有玛拉豪（Marahau）和凯特里特里（Kaiteriteri），北面有波哈拉（Pohara）、塔拉科赫（Tarakohe）和塔塔海滩（Tata Beach）[①]，分布着各种类型和价格的住宿设施可供旅游者选择。关于费用问题。进入亚伯塔斯曼公园是不需要门票费的，但是需要提前预订滨海道两旁的营地或者小屋，这些都是收费项目且价格不菲，没有提前预订的话将面

---

① https://alwashere.net/2019/12/10/where-to-eat-and-sleep-in-abel-tasman-national-park/

临着交罚款或者被驱逐出公园的惩罚，内陆轨道项目是无需提前预订且免费的。关于游玩最佳时间。尽管亚伯塔斯曼公园有着非常著名的美丽沙滩，但游泳并不是这里最受欢迎的游玩项目。因为这里的夏天最高气温只有 22℃左右，另一方面，冬天也格外冷，7 月中旬的最低气温已达到零下 4℃左右。就天气而言，最适合前往亚伯塔斯曼公园游玩的时间是新西兰的夏季，12 月、1 月和2 月。

第三节　亚伯塔斯曼国家公园的建设与管理特色

亚伯塔斯曼国家公园经过近半个多世纪的发展，已积累了大量的建设和管理经验，并较好地处理了旅游发展与环境保护之间的关系，建立起了一套完整的、具有鲜明特点的公园建设和管理制度，本节将从以下五点展开探讨，以对我国国家公园建设管理提供借鉴和参考。

一、贯彻生态保护理念

正如前文中所提到的，新西兰国家公园管理的核心理念就是"生态保护"，在亚伯塔斯曼国家公园的建设和经营中，"生态保护"的理念也始终贯彻全程。在该公园 2008—2018 年的管理规划中，园区实施了分区管理、保护本土物种和生态系统以及保护景观的一系列行动，对保护历史和文化遗产设定了长期目标并提出了相应要求，例如：恢复公园的自然景观，保存其历史和文化价值①。

二、建立了完善的政策法规体系

新西兰国家公园的法律法规体系建设经过了几次重大转变，最终形成了以

---

①　罗勇兵，王连勇.国外国家公园建设与管理对中国国家公园的启示——以新西兰亚伯塔斯曼国家公园为例［J］.管理观察，2009（17）：36-37.

《保护法》(*Conservation Act 1987*)、《国家公园法》(*National Parks Act 1980*)、《资源管理法》(*Resource Management Act 1991*)、《野生动物法》(*Wildlife Act 1953*)为主的一个较为完善的自然生态保护法规体系。最先形成的是公园管理计划，该计划每十年进行一次更新，其目标是：亚伯塔斯曼国家公园的开发必须与 1980 年新西兰《国家公园法》、2005 年《国家公园总体法》、纳尔逊／马尔伯勒公园的保护管理战略相一致。计划明确了环保部对于国家公园发展上更明确、更具操作性的要求，并具有较强的应变性，可以在今后十年内针对公园环境变化做出有效性指导。此外，计划还考虑到《保护法》与《资源管理法》等相关法律法规，并与亚伯塔斯曼公园的实际情况相结合，形成了实际具体化的管理计划。

三、形成了垂直与公众参与式的管理模式

新西兰国家公园采取的管理模式是"垂直与公众参与式管理模式"，亚伯塔斯曼国家公园亦是。亚伯塔斯曼国家公园的管理由两大部分组成：第一部分是政府机构，主要是由公园所在的纳尔逊旅游局、国家的法律部门、行政服务部门和毛利人的相关部门行使综合管理，这些部门均归政府的保护部管辖；另一部分则是非政府的管理机构，大都是国家层级的保护组织与地方性质的保护组织，其中有社区居民积极参与其中，即大众参与管理。这两大部分都隶属于新西兰议会，形成了亚伯塔斯曼国家公园垂直与公众参与的管理模式。垂直管理既可以对职责进行合理分配，也会有效减少管理上的错位和失职现象，保护部上对议会负责，下对当地政府和人民负责，其地位较高，权利也大；公共参与管理则更好地实现了对政府行为的监督，并提高了公民的环境保护意识。

四、注重游客体验

面对激烈的旅游市场环境，新西兰国家公园无论是在旅游规划还是旅游实际开发方面，都十分注重旅游者体验感，开发了有静有动、海陆多种形式的游玩项目。据新西兰政府对旅游的研究统计调查得出，新西兰每年游客人数

处于递增趋势（见图 5-2），停留时间也不断增加，深度体验不断加强（见图 5-3）①。

图 5-2　新西兰年游客人数

资源来源：International Travel，Stats NZ.

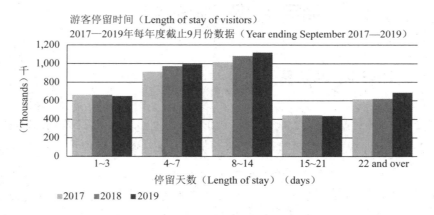

图 5-3　新西兰年游客停留时间

资源来源：International Travel，Stats NZ.

高满意度的体验离不开优质的旅游产品，亚伯塔斯曼国家公园的旅游产品都是经过精心设计的，既能充分反映园区不同区域的特点，又能保留大自然的原貌②。公园内共分成了三大区域进行开发与设计：海岸步行道，在漫步中

---

① ［EB/OL］. www.tourismresearch.govt.nz，2008.8.

② Abel Tasman National Park Management Plan，2008-2018.

感受自然；公园内部，让游客充分感受未经开发的自然环境；近海岛屿，近距离接触清澈的海水。在文化体验方面，新西兰国家旅游部在 2004 年的报告中，再次强调了毛利文化在提升新西兰旅游产品价值以及国际竞争力方面的重要性。

五、注重社区利益协调

国家公园的建立和发展能够带动周边的社区经济。从新西兰国家公园的管理制度和亚伯塔斯曼国家公园管理计划中，我们都可以看出，社区居民在国家公园管理计划的制定、公园具体管理政策的产生、公园内环境保护监督等方面都起到了非常重要的作用，不仅保护了自然环境，还促进了当地的经济发展。

第四节　经验借鉴与启示

一、注重保护与可持续利用

美国大自然保护协会曾明确表示，在世界保护联盟（IUCN）保护体系中，国家公园的保护严格程度仅次于自然保护区，属于第二类保护地类型。这表明，国家公园属于一种严格的保护地类型，设立国家公园的第一目标是保护，其次才是发展旅游业。新西兰不论是从管理理念上，还是管理体系的构建过程中，一直将"生态保护"放在最高位置。我国在未来国家公园的管理过程中，应更加注重保护自然环境与自然资源，处理好开发与保护的平衡关系，真正实现旅游的可持续发展。

二、完善我国国家公园法律体系

新西兰经过了数十年国家公园的法律体系改革，最终颁布了《国家公园法》，作为国家公园的基本大法，结束了相关管理方面的混乱局面。由于国家公园在我国属于新鲜事物，发展历史较短，其建设与发展目前尚处于混沌状态，相关标准、法律体系依然不够完善。在之后的发展过程中，亟需完善我国国家公园的法律体系，从制度层面为我国国家公园发展打下坚实基础。首先，可以汲取新西兰国家公园法律体系的建设经验，制定出一部高位阶的、全面统一的国家公园法律规范，以此作为基本法，对各类资源管理、特许经营制度和各职能部门及利益相关者的权责等具体内容提出相应管理要求，同时协调好现存的多部相关法律（如《森林法》《自然遗产保护法》《风景名胜区条例》等）之间的关系，以免因参照法规过多而带来混乱和执法难度加大[①]。其次，各公园应在地方管理机构的协助之下，根据公园特色在总法的基础上制定针对性和执行性强的保护计划，并定期根据实际情况进行调整。

三、完善管理机制，明确管理主体

新西兰国家公园管理体制在发展过程中形成了由政府和非政府机构组成的"双列统一"管理体制，相互配合，对新西兰国家公园的规划与管理做出了巨大贡献。而我国国家公园管理模式从建立之初就行使的是"多头管理"，涉及林草、国土资源、环境保护等多个部门，不同部门对所辖地的保护功能定位不同、发展侧重点也不尽相同[②]。尽管我国目前已成立国家公园管理局来进一步解决这种条块分割的管理体制造成的相关管理问题，但国家公园管理局的管理地位有待进一步提升，将国家公园作为我国保护价值最高的区域实行集中统一管理。此外，采用垂直管理模式，建设国家层面统管全局的景区管理部门承担建设与管理工作，上对国家负责，下对民众负责。

四、注重公众参与建设

美国于1969年通过了《国家环境政策法》，首次确定了公众参与在环境影响中的地位和作用；1973年，联合国人类环境会议通过了《人类环境宣

---

① 李丽娟，毕莹竹.新西兰国家公园管理的成功经验对我国的借鉴作用［J］.中国城市林业，2018，16（02）：69-73.

② 赵西君.中国国家公园管理体制建设［J］.社会科学家，2019（07）：70-74.

言》，再次强调了公众参与在环境保护中的作用。在亚伯塔斯曼国家公园的建设和管理过程中，公众扮演了至关重要的角色，公众不仅仅是旅游带动经济发展的受益者，更是公园建设的参与者、维护者和管理者。我国国家公园在之后的建设与管理过程中，应提高公民参与度，坚持"全民公益性"的理念，在资金、人力、技术方面，引导、鼓励生态环保组织、志愿服务组织、基金会和社区居民参与到国家公园的建设和生态保护中来；在宣传渠道方面，采用"线上＋线下"的方式，通过微信、新媒体平台向公众宣传国家公园保护的相关知识及重要性，创新公众参与方式，让公众参与到国家公园建设、保护、管理、监督的全过程中来；在反馈机制方面，通过新闻发布会、微博、公众号等新媒体平台，及时将国家公园建设发展情况向公众发布，并积极回复和反馈公众在各平台下面提出的各类问题与建议，真正实现国家公园的"共建共治共享"，让每个公民都能真正享受到国家公园带来的益处[①]。

五、注重整体规划与领界管理

国家公园并非是一个孤立的单元，而是区域景观的组成部分。因此，加强国家公园与其相邻区域的管理，对于维护生态环境的完整性和国家公园的可持续发展具有重要意义。在今后的发展和建设中，我国应注重整体规划与领界管理，注重将自然景观与文化体验相结合，将本地文化融入到国家公园的建设与发展中来；尽快地意识到保护相邻地区的重要性，进一步加强对相邻地区的治理。同时，鼓励周边公民共同参与到国家公园的保护与建设之中，促进国家公园资源的可持续使用和保护，达到保护与利用的"双赢"目的。

---

① 窦亚权，何江，何友均.国外国家公园公众参与机制建设实践及启示［J］.环境保护，2022，50（15）：66-72.

第六章 | 南非·克鲁格国家公园

第一节　南非保护事业的发展概况

一、南非总体概况

非洲坐拥着百万物种之洲的地位，拥有世界陆地近三分之一的生物物种，但同时又是生物多样性最受威胁的陆地区域之一。再加上早期殖民者的入侵和掠夺，促使南非成为 19 世纪保护区概念提出后最早建设本国保护区的国家之一，在建设管理保护区发展的一个多世纪中一直处于非洲的领先水平。但在最早建设管理保护区的过程中，由于殖民统治和西方"荒野地"理论的影响，极大地激化了建立保护区与原住民的矛盾，且保护手段不成熟，通过暴力执权的方式强制驱赶原住民，导致进一步破坏了物种多样性，致使许多珍稀动物就此灭绝，给全世界造成了不可弥补的损失。

20 世纪 90 年代之后独立的新南非积极与国际组织合作，吸取总结历史经验，更新完善保护理念，切身解决民众与保护区之间的矛盾与纠纷，构建保护体系和保护网络，有效地维护了生物多样性，并进一步提升了南非整体的经济发展水平。同时南非和其他国家不同，它是全球唯一一个同时拥有三个首都的国家，分别是行政首都勒陀利亚（Pretoria）——南非中央政府所在地、立法首都开普敦（Cape Town）——南非国会所在地和司法首都布隆方丹（Bloemfontein）——全国司法机构所在地，三个首都各有侧重，相互补充，共同服务于南非的发展，为南非保护区的建设管理提供依靠和保障。

二、南非保护区

保护区在 1994 年由世界保护自然联盟（IUCN）正式定义为"通过法律政策以及其他有效方式手段保护管理陆地和海洋区域，以达到维护生物多样性和保护自然及文化资源的目的"。目前这一定义已被广泛接受和使用，联合国环境机构分支机构的世界保护监控中心（UNEP-WCPC）已将其作为构建世界保护区数据库的基石。2003 年举办的第五届世界公园大会是保护区发展历程中一个重要的节点，它明确强调了保护区所扮演的角色（保护区完全履行其保护生物多样性的角色^①）和保护区与人民的关系（保护区将不是与人民对立，而是与人民合作并服务于人民^②）。

根据世界保护自然联盟（IUCN）所颁布的保护区分类体系可以了解到，整体保护区被划分成了六大类，其中第一大类被划分为了两小类（严格的自然保护区和荒野地保护区），其他五大类分别为国家公园、自然纪念地、生境/物种管理区、陆地/海洋景观保护区和资源管理保护区。这六大类是依据管理目标来进行划分的，虽然每一类可能会涉及多重目标，彼此间会有交叉重叠，但各类别之间的侧重都各有不同且相互补充。其中，第二大类国家公园主要是为了生态系统保护和游憩所设立的保护区。该保护区具有三大功能：一是为当代和后代保护某陆地或海洋生态系统的完整性和生物的多样性；二是防止违反该区域要求的破坏性开发和利用行为的发生；三是在人与自然相协调的环境下为公众提供一片科学的、教育的、精神的和能游憩的好去处。

南非是最早建立本国保护区的国家之一，在建立和管理保护区方面已经形成了较为成熟的保护管理体系^③。虽在早期阶段由于受殖民统治和"荒野地"保护理论的影响，一味地割离人与自然的关系，一再用暴力手段驱逐原住民，使得一些珍稀动物灭绝，造成了严重的土地和经济等社会问题，但独立后的新南非通过与国际合作，吸收经验教训，结合自身国家情况对保护区管理模式进行了极大地调整和突破，着重解决遗留土地权属问题及原住民生活与保护自然的冲突问题，很好地化解了人与自然的矛盾。管理模式上也不再是搞统一的集中管理，而是采用协商的合作管理模式，这是一种更加开放的管理模式，既注重了对自然的保护，也保障了人的权益。

① The Durban Action Plan, Revised Version, Gland, Switzerland：1UCN，2004：5.

② The Durban Action Plan, Revised Version, Gland, Switzerland：IUCN，2004：13.

③ 韩璐，吴红梅，程宝栋，温亚利.南非生物多样性保护措施及启示——以南非克鲁格国家公园为例［J］.世界林业研究，2015，28（03）：75-79.DOI：10.13348/j.cnki.sjlyyj.2015.03.010.

三、南非克鲁格国家公园

（一）基本情况

克鲁格国家公园是南非境内 18 座国家公园中发展保护最成熟最完善的国家公园，位列南非国家公园榜榜首。同时，在动物保育、生态旅游和自然保护等方面的研究和实践，克鲁格国家公园居于世界领先水平。克鲁格国家公园创建于 1898 年，是由布耳共和国最后一任总督保尔·克鲁格（Paul Kruger）为阻止偷猎现象频繁发生进而保护萨贝尔河沿岸野生动物而设立。随着保护规划的不断完善，保护区的范围也逐渐扩大，现已成为全球自然环境保持最好的、动物品种最多的野生动物保护区。

克鲁格国家公园以生物多样性和旅游设施完备而闻名海内外，属亚热带气候，拥有肥沃高产的土地和温暖湿润的空气，不仅有六条河流贯穿公园，园内还有草原、森林和灌木丛，公园北边甚至还分布着众多温泉，堪称动植物生存的乐园。同时，克鲁格国家公园还拥有六大各异的生态系统和著名的五大野生动物（详见下表 6-1）。除此之外，公园还拥有 147 种哺乳类动物、114 种爬行类动物、507 种鸟、49 种鱼和 336 种植物。其中羚羊数量超过 14 万只，在非洲名列第一。

表 6-1　南非克鲁格国家公园资源信息

名称	类别	特征
六大生态系统	灌木地带	主要由刺槐、马鲁拉等灌木构成
	沙漠地带	主要生长有猴面包树
	森林地带	主要坐落于河岸旁边
	阔叶树崎岖地带	土地形状很不规则
	阔叶林地	主要植被为阔叶林
	草原地带	地势开阔平坦，视野宽广
五大野生动物	狮子	克鲁格狮是当今最大的狮子亚种和猫科动物亚种
	花豹	夜行动物，习惯于夜间狩猎，行踪不定
	大象	非洲象，陆上体积最大的动物
	犀牛	分为白犀牛和黑犀牛
	非洲水牛	牛角宽阔沉重，身形与蓄养的水牛相似，但更凶猛

资料来源：根据南非国家公园管理局官网 http://www.sanparks.org 整理。

（二）资源特征

1. 野生动物保护地

克鲁格国家公园是当之无愧的南非最大野生动物保护区。公园占地约 2 万平方千米，一望无垠的旷野上分布着众多珍稀的野生动植物。根据最新统计资料显示，园内分布有大象、狮子、花豹、长颈鹿、鳄鱼、河马、鸵鸟、犀牛和羚羊等 817 种各类动物。其中羚羊的数量已经超过了 14 万只，位列非洲第一。还有野牛 2 万头、斑马 2 万匹、非洲象 7000 头、非洲狮 1200 只、犀牛 2500 头[①]。在克鲁格国家公园西侧的平原地区，还分布着大大小小的私营动物保护区。这些保护区极大程度地维护了生物多样性价值。

2. 历史遗迹所在地

克鲁格国家公园不仅是野生动物的乐园，也是一处怀藏历史印记的圣地。从早期石器时代（约 100 万年前）至铁器时代，这里就成为了古人的定居点，为我们留下了众多的古建筑和古遗址，甚至还遗存着恐龙遗址化石。其中，更引人注目的是马卡汉、马索里亚、法贝尼和图拉梅拉等遗址，均隶属于圣岩艺术遗址区域，向人们展示了早期的石器技术。同时，公园所在地区是古代贸易的路线，曾经有大量的商人经过此地，在公园内外进行贸易往来。公园内还存有一些部落领袖的坟墓遗址和一些早期普通居民的坟墓。

第二节　公园的建设历程与管理模式

一、克鲁格国家公园建设历程

克鲁格国家公园自 1898 年建设至今已经形成了一百多年的建设史，在这漫长的岁月里，克鲁格国家公园的建设也并非一帆风顺，由于战争的影响，国家公园的建设发展也几经停止和破坏。但随着国家的发展和独立，克鲁格国家

---

① Park Management Plan-2018，南非国家公园管理局官网 . http://www.sanparks.org，2012.

公园的保护管理也得到了国际组织的支持，进一步完善了保护理念和发展体系，联合其他国家共同助力生物多样性的保护和繁衍，并通过颁布南非国家公园法案，为克鲁格国家公园的发展提供保障。

克鲁格国家公园所在地由于拥有丰富的物种资源，早在石器时代就成为了人们重要的狩猎采集的区域，南非最早原住民桑人（the San）也在此地留下了丰厚的文化遗产（如岩画和其他重要艺术品）。12 世纪到 17 世纪中期该区域的贸易活动比较活跃，贸易路线从马本古韦，沿着林波波河发展到莫桑比克和位于公园的北部图拉梅拉[①]。19 世纪至 20 世纪克鲁格国家公园逐渐从动物保护区发展成为体制机制成熟、保护类别明确的国家公园（详见图 6-1）。克鲁格国家公园建设的初心始终是保护野生动物，维持生物多样性，在一百多年的发展建设中，使南非地区野生动物自然迁徙的习惯逐渐恢复，为野生动物提供了良好的生存环境，同时也为非洲人民提供了一个人与自然和谐共生的机会。正如南非总统姆贝基所指出的："我们要在为野生动物建立一个开放的栖息的场所的同时，也为非洲人民提供一个持久和平，繁荣发展的新世界[②]。"在克鲁格国家公园成立一百周年时，南非政府出于让动物能够更加无障碍自由迁移的考虑，提出推动"和平公园计划"，计划将克鲁格的东方边界扩展到邻国莫桑比克，北边延长到津巴布韦的戈纳雷若国家公园。若计划能够顺利执行，耗费庞大的动物筛选和人工迁移的问题，则有望一劳永逸的解决。

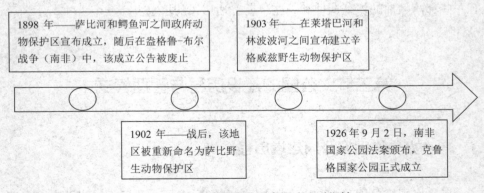

图 6-1 克鲁格国家公园发展建设时间轴

资料来源：根据 Pienaar，第五版，1990 年；Joubert 2007 整理。

---

① 徐青. 南非保护区管理体系研究［D］. 同济大学，2008.
② 邹统钎. 国家公园管理经典案例研究［M］. 北京：旅游教育出版社，2020：150-151.

二、克鲁格国家公园管理模式

克鲁格国家公园身为南非最大的野生动物园，有着成熟且严格的保护管理模式，让这一片动物保护区成为全球大型野生哺乳类动物密集程度最高的区域。在公园里的每一平方公里几乎都能看到近百只哺乳类动物在进行捕猎、觅食或游憩等日常活动。非洲是一个偷猎和黑市较为普遍的地方，而克鲁格国家公园在这样窘迫的状况下成为众多自然保护与国家公园保护管理的典范，离不开它成熟完善的管理模式。在所有权和管理体制方面，克鲁格国家公园采取自上而下的垂直管理模式，不仅做到统一监督管理，还将一部分职责适当下放，极大地提高了管理效率；在保障动物自然迁徙方面，克鲁格国家公园采取建立国家公园群的方式，不仅消除了三大公园的物理边界，而且为非洲国家的经济与生态旅游带来了新的机遇；在协调人与自然方面，克鲁格国家公园采取签订契约管理协议的方式，不仅解决了土地使用问题，还促使社区居民加入保护自然生物的行列，达到"共建共享"的局面；在互利互惠合作发展方面，克鲁格国家公园采取战略合作管理的方式，积极寻求各行各业和相关机构的帮助，为公园的保护管理提供全方面的保障。

（一）自上而下垂直管理

克鲁格国家公园的自上而下垂直管理模式是由南非政府直接管理，其他部门组织配合管理的一种有效管理模式。在南非，国家公园的土地属于国有自然保护地，公园一般构建在国有土地上，或是通过接受私有土地捐赠和赎买私有土地等方式，再依此建设国家公园，成立后的国家公园均由国家设立的专门管理部门进行垂直管理。克鲁格国家公园则是由南非国家公园管理局（SAN parks）进行整体的垂直管理。

南非的国家保护区和南非的国家公园在自然资源条件和保护管理目标等方面几乎没有本质性的差别，区别只在于南非国家保护区范围的土地属于私人土地，因此保护管理方面的职能一般交由地方政府[①]。克鲁格国家公园范围内的土地无疑是属于国家土地，一切的保护管理规章制度均交由南非政府授权的

---

① 张贺全，吴裕鹏.肯尼亚、南非国家公园和保护区调研情况及启示［J］.中国工程咨询，2019（04）：87-91.

国家公园管理局（SAN parks）进行具体的安排和规定。这种自上而下垂直管理模式可谓是现阶段南非国家公园管理最有效的方式，它充分地考虑到了人与动植物的关系。在南非由于整个国家的国土几乎都处于自然保护区中，使得公众与动植物之间的关系变得相当紧密，难以切分，但通过由国家公园管理局（SAN parks）进行垂直化管理，既有利于国家公园管理的制定和执行，同时还有助于实施动植物的管理措施，更加高效率地建立人与自然和谐相处的自然保护地。

（二）国家公园群联合管理

在克鲁格国家公园正式成立一百周年的 1998 年，南非国家公园管理局（SAN parks）就开始考虑进一步解决野生动物更大范围自由迁徙的问题，想通过推动"和平公园计划"来实现这一想法。经过五年时间的努力，终于在 2003 年通过建立国家公园群的方式，实现了计划中所描绘的理想画面。克鲁格国家公园与津巴布韦的戈纳雷若国家公园和莫桑比克的林波波国家公园成功地组建成为国家公园群，并共同打造了大林波波跨国公园（The Great Limpopo Transfrontier Park），该公园的建立为非洲南部野生动物自然迁徙习惯的恢复、各类可供狩猎野生动物的重新定居和寻找珍稀动物最佳栖息地提供了条件[1]。

国家公园群的建立成功打破了野生动物自然迁徙的物理边界，让三个国家的三个公园联结起来，共同守护野生动物自然迁徙的习惯。国家公园群建立之初，先由南非和莫桑比克拆除了两国之间分隔非洲大象的安全篱笆；在津巴布韦的戈纳雷若国家公园正式加入后，三个国家联手组建了跨国公园，有效守护了野生动物的自然行动路线和自然生活习性，也使得该地成为非洲最大的野生动物保护地。

（三）契约管理协议

契约管理协议是国家公园与社区及私有土地所有者共同协商解决公园土地使用问题的方式之一。土地所有者通过签订协议可以成为公园的一部分，拥有一部分权力和责任，签订人有义务保障国家公园的核心功能，如自觉爱护生态

---

[1] Conservation Management Profile - 2012，南非国家公园管理局官网 . http://www.sanparks.org，2012.

系统、有效维护公园管理和防止外来物种入侵等。

克鲁格公园的马库勒克契约土地从林波波河延伸到卢武夫河。1998 年，马库勒克社区是公园南部最早的社区之一，在 1994 年获得土地所有权后，南非政府通过《定居协议》授予马库勒克社区土地开发权，但要保证守护野生动植物。之后，公园与马库勒克社区共同签订《和解共同管理协议》，由联合管理委员会（JMB）代表社区财产协会和国家公园管理局管理运作。根据签署的管理协议以及该区域的管理计划，马库勒克社区成立了一个社区财产协会，以获取、持有和管理这片土地。

（四）战略合作管理

克鲁格国家公园积极寻找最为合适的和多元的战略合作伙伴，共同助力国家公园保护事业的发展。在公园外部方面，通过与保护和环境管理、安全和安保、经济和技术等领域的相关机构和组织确立合作关系，为公园保护管理提供保障和基础；在公园内部方面，也在积极寻求合作机会，如联合购买权、联合目的地营销等，促使保护管理工作的顺利实施。

机构合作能为国家公园的建设带来更加综合的发展方法和体制安排，促进保护公园网络附近土地的协调利用。这些具体安排在实施过程中，有效地让不同部门拥有共同的愿景，成为良好的合作伙伴。这种合作将不局限于生物圈、私人、州和社区保护区、非政府组织、生物区域方案、农村发展计划内的部门和公司等，而是将以宪法、法律框架和国家发展为指导计划来开展保护管理工作，具体的计划包括省级增长发展战略（PGDS）、大林波波跨界公园条约（GLTP 条约）、生物区域计划、农村发展计划和城市综合发展计划等。

第三节　南非国家公园的政策法规体系

一、保护体系发展阶段

南非对于自然的保护，最早可以追溯到 1850 年以前。那时候人们对大自然充满着敬畏之心，土地属于公共财产，对自然资源的认识和管理基本都是通过风俗信仰和对于自然环境的价值观来控制人们开采利用资源的方式。比如神话传说、宗教仪式、禁忌避讳和社会统治等文化上的反映都属于这种本土资源管理模式的重要组成部分。随着时间的变迁，人与自然的关系也发生了变化。

在 1850—1900 年殖民统治前期的 50 年里，南非阶级分化日益严重，越来越强调地位和阶层。传统原住民族逐渐被边缘化，使得本土传统的资源管理模式也慢慢淡出社会，不再被运用于保护管理事业中。

在 1900—1950 年的殖民时期里，南非受殖民统治的严重影响，进一步加剧了人与自然关系的变化，原住民完全被边缘化，当权政府通过暴力执权的方式强行隔断传统原住民与野生动植物之间的关系，使得当权政府、原住民和野生生物三者的关系是完全分离的。当时的南非由于受西方保护贸易主义策略的影响，开始通过栅栏和罚金的方式建立起游猎保护区和国家公园等形式多样的保护区。保护区的建立虽然在一定程度上保护了野生生物的生存和繁衍，但它同时割裂人与土地的关系，使得保护效果不尽如人意。在没有正式的法律约束之前，大量的土地被猎人、商人、资本家和贸易农场主等开发利用，将许多珍稀动植物贩卖到欧洲各地，致使部分珍稀物种从此灭绝。南非国家也逐渐意识到事态的严重性，开始通过立法的方式来保护游猎保护区，颁布了限制狩猎和税收政策，来预防大规模狩猎活动。而被殖民统治的原住民，由于种族隔离制度，导致他们不得不通过掠夺自然资源的方式保持最基本的生活，完全不考虑可持续性，进一步加剧了原住民与土地之间的矛盾。因此，这一时期的南非虽然开始注重对野生生物的保护，但忽视了原住民与土地的关系，完全割裂两者的关系来达成保护野生生物的目的是不可能的。

1960 年是一个关键的转折点，在全世界范围内出现了新的环境思考和环境运动，使人与自然的关系有了进一步的缓和。

在 1960—1980 年的后殖民时期里，南非虽然仍处于西方保护贸易主义和种族隔离殖民统治的双重影响下，但是已经逐渐认识到本土传统的自然资源管理模式的价值所在，这一认识的转变为鼓励社区参与、引导社区共同管理保护区奠定了基础。在 1961 年南非正式独立，成立南非共和国。

在 1990 年后的后现代时期里，全球生物多样性保护开始注重公平公正，南非的保护事业逐渐加强了社区参与管理和垂直管理，丰富和完善传统的自然资源管理模式，与多方寻求合作。1994 年种族隔离政策废除，以宪法为基础的民主政府成立，丰富了南非人民对于人与自然的理解，推进了生物多样性政策法律的出台，改变了保护机构的组织框架。1997 年正式发布的《生物多样性白皮书》奠定了南非自然保护的中心政策[①]。2003 年颁布的《国家环境管理：保护区法》明确规定了南非保护区的功能与管理原则[②]："为了保护代表南非生物多样性生态差异的区域和它们的自然景观和海景；保护区域的生态完整性；为了依据国家规范和标准管理保护区；为了各级政府间的合作管理和便于公众参与咨询保护区事务；为位于国家土地、私人土地和公共土地上的保护区提供一个有代表性的网络；促进为了人民利益的保护区的可持续利用。"

二、保护管理政策法规

（一）政策理念发展演变

1. "荒野地"理论：国家公园传统排除式生态保护

在 1964 年美国《荒野地法》中，将荒野地定义为"土地及其群落完全不受人类干扰的地区，人类只能短暂访问该地区，不能在该区域长时间停留"。而"荒野地"理论也是根据《荒野地法》运用而生。显然，在"荒野地"理论中严重割裂了原住民与土地的关系。南非在殖民统治时期，没有充分考虑国情，一味地将发达国家所产生的理论生搬硬套来应用于保护事业，并没有考虑到"荒野地"理论对经济欠发达地区的不适用性和土地对于原住民的重要程度，使得荒野地成为了富人的资源观赏地，穷人的资源掠夺地。不同背景不同时代的人对荒野地理论的态度和观点也不尽相同，可以将其归纳总结为自然资源观点、药学观点、自我关注观点、国家性格观点、隔离疾病观点和支持生命观点等 30 余种。而南非最早建立保护区是以狩猎观点和隔离疾病观点作为其理论支撑，开启了传统排除式生态保护模式。这种模式基本不考虑传统社区居

---

① Susan Erskine, A history overview of nature conservation in South Africa, Red Ribbons and Green Issues: How HIVIAIDS affects the way we conserve our natural environment, September 2004, Health Economics and HIVIAIDS Research Division, University of KwaZulu-Natal, Durban: 17-18.

② South Africa Yearbook 2005/2006.

民的环境权利和立法意见，通过划定界限和运用法律及其他行政手段限制人类对资源的开发利用。而这些限制因素进一步加剧了国家公园与传统社区等利益相关者的紧张关系，导致掠夺资源的恶性事件时常发生且不可避免，为生态保护管理造成了巨大的社会成本。

2. 原住民人权保护理论：国家公园合作式生态管理

"原住民人权"将社区、土地、资源、土地保有制度及生态系统联系起来，虽然这一联系是通过财产权实现的，但它不局限于财产权[①]。原住民权力源自于传统的土地保有权，其中隐含着管理义务[②]。它肯定了国家公园与原住民等其他利益相关者之间的特殊关系，让保护管理事业更加合理化和公平化。1957年国际劳工组织发起的《关于保护和融合独立国家原住民和部落人民第 107 号公约》首次明确了国家公园原住民和地方社区的各种传统环境权利，如自然资源获取、环境管理权和环境立法决策权等。1989 年的《关于原住民和部落人民第 169 号公约》对 107 号公约进行了补充，确定了原住民人权保护的总体目标[③]。《生物多样性公约》的发布成为全球第一个承认社区生活与生物保护之间存在紧密联系的国际公约。2010 年生物多样性公约缔约国通过《关于获取和惠益分享的名古屋议定书》确定了四项关键的原住民人权，原住民有权通过法律共同治理和保护生态环境。虽然这些权利被赋予了附加条件，但也算是原住民在争取环境利益中所取得的重大成果。原住民人权保护理论的发展和完善，使国家公园的管理模式从传统的排除式管理逐渐向合作式管理转变，弱化了原住民与土地之间的矛盾，使社会公众共同参与到环境保护事业之中。

（二）法律法规发展完善

1. 克鲁格国家公园社区共管法律发展

克鲁格国家公园在 1926 年南非颁布的《国家公园法》中正式宣布成立。

---

① Margaret JR，"Market-Inalienability"，Harvard Law Review，1987：1899.

② Bavikatte KS and Bennett T，"Community stewardship：the foundation of biocultural rights "Journal of Huiman Rights & the Environment，2015：20.

③ 巴巴拉·劳瑞. 保护地立法指南［M］. 王曦，卢鲲，唐塘，译. 北京：法律出版社，2016：109.

南非国家公园管理局也依据情况和要求为各保护区域制定了配套的管理计划，审查由生物多样性保护、生态旅游和社会经济三部分组成的核心业务，促进社区参与共同管理国家公园的建设。《1996年南非共和国宪法第108号法令》和《1998年第107号国家环境法》及《2003年国家生态保护区法案第57号》（经2014年《国家生态保护区法案第21号》修订）共同构成了保障南非国家公园地方传统社区居民环境治理权利的主要法律框架。上述法律都在不同程度上考虑了地方社区与公园土地和自然资源的特殊依附关系，承认其与非原住民的区别，并赋予地方社区一定的公园环境治理权限[①]。除了上述法律框架外，地方社区参与国家公园生态系统管理流程的制定还运用了南非国家公园利益相关者参与指导原则，提供多渠道使社区居民参与到公园的建设管理中。通过及时和详尽共享相关信息做到促进社区参与与自身相关的环保决策，进一步完善保护管理和反馈机制，并特别注意边缘化社区应该享有的合法权益[②]。

2. 克鲁格国家公园生态保护法律发展

克鲁格国家公园以及其他的南非国家公园针对野生生物的保护都采取严格的立法措施，通过法律的强制力和约束力来规范人们的行为，以达到生态系统环境保护的作用。在国家层面，南非先后制定了《国家环境管理法》《生物多样性法令》（2003年）、《环境保护法令》《国家公园法令》（1976年）、《湖泊发展法令》《世界遗产公约法令》《海洋生物资源法令》（1998年）、《国家森林法令》《山地集水区域法令》等。南非的国家公园体系正是依据1976年颁布的《国家公园法令》建立起来的，并于1997年颁布了其修订法案《国家公园修订法案》（*National Parks Amendment Act，1997*）。2003年，南非在国家层面上整合了《国家公园法令》《国家环境管理法》《国家森林法》《世界遗产公约法》《高山盆地法》等历史上颁布的与保护区管理相关的法案，颁布了《国家环境管理法：保护地法案》（*NEMA.PA457 of 203*），这是南非历史上第一部真正意义的保护地法。《国家环境管理法》（NEMA）属于宪法框架，其下除了保护地

---

① Environmental Affairs，Kruger National Park Management Plan 2018 – 2028，Kruger National Park，2018：13.

② 孙美迪．国家公园社区共管的法律制度研究［D］．兰州理工大学，2021. DOI：10.27206/d.cnki.ggsgu.2021.001435.

法案，还有生物多样性保护法案等，形成了完整的环境保护法律框架体系[①]。克鲁格国家公园作为南非最大的野生动物保护区，实施着最严格的管理体制，出台了多项管理法规与条例，保障公园的管理和维护。

三、国际保护网络构建

南非保护区是在殖民统治时期开始迅速构建的，其保护理论和保护模式受西方思想影响的程度很深，因此其保护体系在最初就已处于由西方主导的国际保护网络之中。后来，由于环境保护运动以及全球对公平公正的注重，新的管理理念和模式逐渐形成和完善，1994 年世界保护自然联盟（IUCN）提出的以管理目标为基础的分类体系将保护区分为六大类别，深刻影响着南非保护区体系的发展过程。南非与国际自然保护的关系也越发紧密，成为国家保护网络的重要组成部分之一。在这么多年的保护发展之中，南非国际保护网络的构建主要由"加入国际保护组织成为国家保护事业有关公约签约国"和"建立与世界保护自然联盟（IUCN）类别体系的对应关系"两种方式促成。

表 6-2 南非国际网络构建相关资料[②]

类别	名称
南非签署的国际保护相关公约	《保护自然和自然资源的非洲公约》
	《人与生物圈计划》
	《RAMSR 公约》
	《世界遗产保护公约》
	《世界自然宪章》
	《21 世纪议程》
	《生物多样性公约》
	《海洋法联合国公约》
	《野生动植物保护和强制法律的协议》
	《新千年非洲保护区德班协议》

---

① 唐芳林、孙鸿雁、王梦君、王志臣.南非野生动物类型国家公园的保护管理 [J].林业建设，2017（01）：1-6.

② Dodds，K.，South Africa：Implementing the Protocol on Environmental Protection，1999.

续表

类别	名称
南非参与的国际保护项目	以社区为基础的自然资源保护管理
	非洲发展新伙伴计划
	私人保护区行动计划
	UNEP-WCPC 加强非洲保护区网络项目

第四节　经验借鉴与启示

一、经验总结

（一）与时俱进、发展保护理念

南非保护区事业的发展经历一百多年的时间，从最初的排除式生态保护模式到后来的合作式生态保护模式，这一大转变少不了理念更新的支撑。克鲁格国家公园作为非洲最大的野生动物保护区，紧跟时代脚步，与国际多方保持合作关系，借助国际力量更新发展保护理念。在没有造成不可挽回的损失之前，及时认识到"荒野地"理论的不适用性，无法持续发展南非的保护事业。在全球保护生物多样性事业发展中充分吸收经验，开始注意原住民人权保护理论、环境正义理论和可持续发展理论等，再结合自身国情，使得保护管理体系更加合理与完善，逐步消减了原住民与土地之间的紧张关系。因此，在保护事业发展中要注重适度更新保护理念，紧跟国际保护主流，不可故步自封，在价值取向上从生物多样性保护到为人民而保护的转变是南非自然保护事业发展成功的关键。

（二）勇于创新、管理方式多样

传统单一的保护管理手段是无法解决所有问题与挑战的，只有不断创新，更新管理方式方法才能使保护事业持续不断地发展下去。任何事物的发展都会遇到问题和挑战，克鲁格国家公园也不例外，它成为非洲最大的野生动物保护区也绝非偶然，而是通过不断地创新管理方式，使得公园的范围逐步扩大。野生动物是有自身的迁徙习惯的，而土地界限的边界无疑阻拦了野生动物自然迁徙的天性，一定程度地影响了野生动物的生存，同时也加大了公园管理的人力物力成本。为了彻底解决这一问题，遵循野生动物的天性，通过建立国家公园群进行联合管理的方式，创新性地为野生动物开出了一条自由大道，更使自然资源得到了进一步的整合和利用。因此，在保护管理中也要注重创新发展，不断更新方式方法，这样才能不畏困难与挑战，更加持久的保护生物多样性。

（三）联合力量、助力保护管理

"众人拾柴火焰高"，他人的力量是不可小觑的，要懂得借助他人的力量。克鲁格国家公园在最初的时期，不懂得原住民和当地社区的力量，一味地将其排除在外，单纯地保护野生动植物。然而实践证明，保护地和原住民是无法分离的，二者是利益相关者，只有保障原住民的权益，让当地社区也适当参与到公园的管理之中，保护事业才会发展得更好更久。同时，也要注重借助国际力量，通过参与国际项目或是成为签约国等方式，吸取各方意见，做出有效决策。并且可通过国际法规条例完善自身保护区立法，为国家公园及其利益相关者提供法律保障，构建完善的国际保护网络。因此，在保护管理中要注重让利益相关者充分参与其中，既可以化解彼此间的矛盾，又可以借助多方力量支持保护事业的发展。还要注重与国际接轨，密切关注国际保护事业动向。

二、启示

从南非保护事业的经历中可以发现，克鲁格国家公园已经形成成熟全面的保护管理体系，如以垂直管理模式解决责任主体不明确等保护管理问题，以建立国家公园群解决野生动物大范围迁徙的问题，以签订契约协议的方式化解社区及私有土地与自然保护工作间的矛盾，以国际战略合作的方式保障保护事业顺利进行。这些成熟的保护管理机制都离不开政策理念和法律法规的引导支持与保驾护航，也正是基于此，南非保护区才能开展有效的管理工作，使得部门间的平行协调和中央与地方之间的垂直协调等问题得到很好的调解。

　　在我国的国家文化公园的建设发展历程中，要注重形成"多重轨迹"发展理念，构建完善的法律框架，搭建适宜的保护网络，让保护事业的发展有依据有方向有保障。一方面要加强保护区自身内部能力建设，构建合理的社区共管机制，鼓励社区居民支持并参与保护事业成为公园治理的内部驱动力；另一方面要寻求多方合作，懂得充分调动利益相关者，同时学会借助国际力量，构建完善的国际保护网络，全方位提升整体保护管理能力。最后，要与时俱进，实时更新和发展保护理念，创新保护管理新模式，持续助力保护事业的管理与发展。

第七章

俄罗斯·瓦尔代国家公园

第一节　瓦尔代国家公园概况

一、基本情况

俄罗斯瓦尔代国家公园（Valdaysky National park）位于俄罗斯西北部的诺夫哥罗德州内（Novgorod Oblast），坐落于奥布拉兹佐维山，俯瞰瓦尔代湖透明湖水。公园占地 1.59 万平方千米，园区遍布森林和湖泊，有风景如画的瓦尔代湖、瓦尔代山、谢利格尔湖以及原始的森林，有 50 多种哺乳动物和 180余种鸟类在此栖息，是俄罗斯欧洲部分最大的特别保护自然区之一，也是联合国的生物圈保护区之一。瓦尔代国家公园的建立是为了保护独特的湖泊和森林综合体的生物多样性，利用园区内多个湖泊和大片森林，瓦尔代国家公园目前已经开展大型生态足迹活动，提倡园区游客生态文明旅游。公园内还设有酒店、休憩区、大型停车场、洗手间、露营设备等大中小各类便利休闲基础设施，吸引众多自然爱好者开展各式各样的远足、露营、野钓等活动。在瓦尔代国家公园内，每年举办多种活动，如夏季在博罗夫诺湖旁举行比安基读书会、庆祝渔夫节，10 月初在乌任湖旁举行卡勒瓦拉狂欢节等。瓦尔代国家公园距离莫斯科和圣彼得堡不远，由于交通通达度高，加之世外桃源般的风景，便利的基础设施和宁静庄重的氛围让这个国家公园成为俄罗斯游客最多的国家公园之一，公园每年接待游客数量达 6 万余人次。

二、资源概况

（一）湖泊广布，风光独特

瓦尔代国家公园以湖泊而闻名，园区内有 76 片大小湖泊和 200 余座水库可供游览，如瓦尔代湖、韦利耶湖、谢利格尔湖波尔诺夫斯科深水区、博罗夫诺湖……湖泊水域加起来总面积达到 147 平方千米。其中最具标志性的莫过于瓦尔代湖。在冰川时期，瓦尔代高地被厚实的冰壳覆盖，当气候开始变化，冰川逐渐消退，形成众多冷泉源源不断注入瓦尔代，从而形成了一个清澈见底的大湖——瓦尔代湖。瓦尔代一词有"白色"或"光"的意思，瓦尔代湖清澈纯净，从远处看像圣洁的光闪耀，故而得名。瓦尔代湖上有3个大岛——帕托奇尼岛、别列佐维岛和里亚比诺维岛及几处小岛。在每年12月至次年5月初，瓦尔代湖都处于结冰期，5月初至11月底才可通航。无论是在结冰期还是通航期，在游客看来都各有趣味。公园里还有一个十分受欢迎的湖——谢利格尔湖，湖畔经常举办旅游露营活动，湖中小镇还建有知名度假胜地奥斯塔什科夫。

（二）生物多样，得天独厚

瓦尔代国家公园内物种丰富多样。针叶树是瓦尔代公园的"主角"，遍布公园南部以及湖上的各个岛屿，挺拔秀丽。此外，瓦尔代湖周围还分布有750多种维管植物和126种苔藓，其中有79种属于珍稀树种。

公园内生活着50种哺乳动物、5种爬行动物和7种两栖动物，驼鹿、野猪、貂、花尾榛鸡、松鸡等动物多见。瓦尔代国家公园的森林和湖岸上也是180多种鸟类的栖息地，是众多鸟类在迁徙期间的最佳休息地。

（三）古迹众多，底蕴深厚

公园中的历史文化遗迹同样丰富。瓦尔代国家公园所在的诺夫哥罗德州本身历史悠久，文化底蕴深厚，拥有众多的教堂和修道院，是9世纪时俄国的第一个首都，还是俄国东正教的牧师中心和建筑中心，因此，瓦尔代国家公园内有许多文化遗迹。在瓦尔代湖边赫然耸立着17世纪修建的瓦尔代伊韦尔修道院（也称伊维尔斯基修道院），修道院古朴庄重，是当时最富有最知名的修道院。伊韦尔修道院是一所男修道院，修建于1653年。

此外，在古时期，斯拉夫部落居住在瓦尔代国家公园境内。在瓦尔代国家公园已发掘出了82处斯拉夫部落的古遗址。同时，在该公园内还发现了18个新石器时代立柱以及6世纪至9世纪的古墓。

三、发展历程

俄罗斯国家公园是在俄罗斯特别自然保护区发展历程中应运而生的。在设立俄罗斯国家公园之前，俄罗斯在 19 世纪末和 20 世纪初就开始了建立自然保护区的探索和实践。在引入了国家公园理念后，逐步建立起了以国家公园为主体的特别自然保护区体系。

俄罗斯国家公园设立时间较晚，但发展速度相对较快。在 20 世纪 80 年代末，俄罗斯引入国家公园的概念，由俄罗斯联邦公共机构代表和联邦环境保护主管部门即俄罗斯联邦环境保护和自然资源部提议设立国家公园，报俄罗斯联邦政府批准公布，建立了第一批国家公园——索契国家公园和麋鹿岛国家公园，用于自然保护、教育研究和休闲游憩。之后陆续建立多个国家公园。

俄罗斯的"国家公园"，原称"国立自然国家公园"或"国家自然公园"，还有一处称作"国立自然历史国家公园"。俄罗斯联邦政府在《联邦特别保护自然区域法》公布施行后，于 1995 年 10 月 9 日将之前设立的绝大部分"国立自然国家公园"或"国家自然公园"变更为"国家公园"，并分别在 1998 年和 2000 年完成其余两处的更名程序。

截至 2020 年 5 月，俄罗斯共建有 64 个国家公园，多由具有国家重要性的保护地转化而来[1]。从第一个国家公园成立至今，俄罗斯国家公园的建设与管理大致经历了五个阶段（见表 7-1），目前俄罗斯仍处于国家公园建设的快速发展期。

表 7-1　俄罗斯国家公园建设与管理发展阶段简况表[2]

阶段	时间	建设内容	数量	法律/政策
第一阶段	1971—1982	讨论国家公园定义等	0	《国家自然公园条例》
第二阶段	1983—1990	开始建立国家公园	11	《到 2000 年苏联自然保护区和国家公园规划》
第三阶段	1991—1994	增加具有独特文化景观的国家公园	27	《俄罗斯联邦国家公园规划》
第四阶段	1995—2001	出台国家公园管理法律	35	《特别保护区法》
第五阶段	2002—至今	制定国家公园战略	64	《2001—2010 年俄罗斯联邦国家级自然保护区和国家公园规划》

① 宋增明，李欣海，葛兴芳，万旭生.国家公园体系规划的国际经验及对中国的启示 [J].中国园林，2017，33（08）：12-18.
② 张光生，林天飞，朱蓉.俄罗斯国家公园建设与管理体系及其对中国的启示 [J].中国生态旅游，2022，12（02）：320-329.

俄罗斯国家公园大致归为两类：一类是保留了原始自然、独特地形、稀有动植物物种的国家公园；另一类是虽曾经被人类开发利用，但保留了许多名胜和古迹的国家公园 ①。瓦尔代国家公园是俄罗斯建立国家公园较早的一批，在1990 年为保护瓦尔代高地独特的湖泊森林自然体系，瓦尔代湖周围 1600 平方千米的森林湖区被划成国家公园，瓦尔代国家公园就此建立。瓦尔代国家公园建成 4 年后，成为了欧洲自然国家公园联合会成员，到了 2004 年，瓦尔代国家公园被联合国教科文组织认定为国际生物保护圈。

纵观俄罗斯国家公园发展历程可以发现，俄罗斯国家公园发展历程与中国相似，都是先有其他的保护地体系，后才建立国家公园，因此对中国建立国家公园具有极大的借鉴意义。

第二节　瓦尔代国家公园管理体系

一、明确清晰的法律法规

俄罗斯地大物博，幅员辽阔，独特的地貌和气候孕育了丰富的自然资源和特有的生物多样性。俄罗斯在自然资源的管理和生物多样性保护方面具有健全完善的法律制度体系。在俄罗斯现行法律《联邦特别自然保护区域法》中规定了多种级别的特别自然保护区域，其中国家公园是俄罗斯级别最高、最重要的特别自然保护区之一。因此，俄罗斯虽然并未颁布专项《国家公园法》，但在国家公园立法方面已然具有明确清晰的法律法规。

在《联邦特别自然保护区域法》中明确规定了国家公园管理战略、组织管理机构等相关内容。除此之外，俄罗斯特别自然保护区有关的基本法还有《联邦自然保护地法》《联邦环境保护法》《联邦林业法典》《联邦野生动物保护法》《联邦文化遗址保护法》等。俄罗斯自然保护地体系分类标准清晰，使得国家公园能够在以上法律法规或其他政府行政令、部门规章等都能找到相应的法律

---

① 张光生，林天飞，朱蓉.俄罗斯国家公园建设与管理体系及其对中国的启示［J］.中国生态旅游，2022，12（02）：320-329.

规定，并针对每个国家公园都颁发了专门的保护条例。

二、精细完备的管理战略

（一）俄罗斯生态保护构架——自然保护地体系

《联邦特别自然保护区域法》规定，俄罗斯自然保护地体系由国家自然保护区、国家公园、自然公园、自然禁猎区、自然遗迹、树木公园及植物园等六大类组成[①]。

目前，俄罗斯有百余个国家自然保护区，在自然保护区中允许开展科研活动和宣传教育活动，但开展旅游活动具有很多限制条件，同时禁止在其内进行各式生产经营活动。俄罗斯国家公园相对于自然保护区而言，国家公园在保护生态、开展科学科研活动外还可大力发展旅游。在俄罗斯，自然保护区和国家公园这两类是属于国家联邦级特别自然保护区，由环境保护和自然资源部进行管理，是俄罗斯最主要、最高级的特别自然保护区域。

自然公园的制度和任务与国家公园相近，但自然公园从属于区域政权机关，兼资源保护与娱乐为一体。自然禁猎区是俄罗斯大大小小数量最多的特别自然保护区域，有联邦级和地区级自然禁猎区之分，对应的管理机关也有区别。在禁猎区内严令禁止狩猎野生动物和鸟类。同时，根据禁猎区的状况不同，禁止、限制和允许的农业生产经营活动也不同。自然遗迹也是俄罗斯特别自然保护区域数量较多的一类区域，大多数是为了保护面积不大的自然遗迹，分为不同类别，也有联邦级和地区级自然遗迹之分。树木公园及植物园是俄罗斯特别自然保护区域中最具特色的一类，为保护植物多样性，有针对性地开展科研、教育和宣传活动而建立。俄罗斯绝大多数树木公园及植物园都隶属俄罗斯科学院。

（二）俄罗斯国家公园组织架构——自上而下型管理体制

在俄罗斯自然保护地，目前建立了由环境保护和自然资源部统一监管，联邦、地区（联邦主体）政府二级设立，联邦、地区（联邦主体）与地方三级管

---

① 唐小平，陈君帜，韩爱惠，王凤昆.俄罗斯自然保护地管理体制及其借鉴［J］.林业资源管理，2018（04）：154-159.DOI：10.13466/j.cnki.lyzygl.2018.04.024.

理的体制。而俄罗斯国家公园由隶属于联邦政府的环境保护和自然资源部直接
管理，建立起了自上而下型管理体制。

俄罗斯环境保护和自然资源部内设有 10 个司、2 个署和 3 个局，其中署
和局属于联邦级直属机关。在职能分工方面，环境保护和自然资源部的 10 个
司属于决策机关，负责各自司对应负责方面的宏观调控与具体政策制定；3 个
联邦局属于执行机关，是 10 个司计划或政策制定后的执行者与实施主体，是
环境保护和自然资源部与地方单位建立联系的桥梁；2 个联邦署属于监督机
关，负责监督执行的情况，保证资源合理利用和持续发展。

具体到各个国家公园管理层面，俄罗斯国家公园主要采取在国家公园设立
专门管理机构和实行区域保护地群管理体制这两类方式。每个国家公园会由俄
罗斯环境保护和自然资源部设立专门管理机构并任命主要负责人。国家公园专
门管理机构一般统称为联邦国家预算机构，由其对相应国家公园进行管理，负
责国家公园运营中的具体事权工作。另外，近些年来，俄罗斯联邦政府开始尝
试组建自然保护地群，通过整合兼并、重组改组等方式对各类特别自然保护区
域实行统一规划、综合管理。

就瓦尔代国家公园而言，采取的是设立专门的管理机构，实行首长负责
制，机构负责人由联邦环境保护和自然资源部任命，其他成员由机构负责人
任命。

三、合理科学的空间管制

俄罗斯国家公园是在保护生态环境，进行科研活动、宣传教育活动之外还
兼顾为发展旅游和休闲创造条件。也因此俄罗斯国家公园面临生态保护和旅游
开发协调发展的压力。为更好缓解生态保护和旅游开发的矛盾，俄罗斯将国家
公园划分为六类功能区，不同的功能区具有不同保护和使用制度，并对各个功
能区进行严格管控。

（1）保护区。保护区的主旨是保护生态，发挥国家公园保护、科研的功
能。因此在保护区内允许开展采取了保护措施的科学研究和环境监测，但是禁
止一切经济活动和娱乐活动。

（2）特别保护区。特别保护区主要发挥保护、科研和教育的功能。在重视

保护自然生态环境之外，允许在特别保护区范围内进行以教育旅游为目的的游览。可以看出，特别保护区充当了衔接者的角色，是保护区的缓冲区，为自然环境保护提供条件，同时严格控制娱乐和经济利用。特别保护区与保护区构成国家公园的生态核心。

（3）娱乐区。娱乐区是提供和实施娱乐休闲活动的区域，在这类区域多布局旅游业、博物馆等设施。如瓦尔代国家公园允许在瓦尔代湖上开展丰富的水上活动，在瓦尔代湖周边还建造众多休憩驿站、露营地、酒店等供游客休闲游憩。

（4）历史文化遗址保护区。历史文化遗址保护区旨在保护历史文化遗址，允许在其范围内开展保护历史文化遗址必要的活动以及适当的娱乐活动。要求确保对遗址进行完善保护，设立的旅游服务设施及其布局不得对文化遗址的历史风貌产生不利影响。该区域的任何经济活动都要与国家历史文化古迹保护机构和国家公园管理部门协商。

（5）经济区。经济区允许开展经济活动，但所开展的一切经济活动必须遵守环境管理规则和标准并接受监督，禁止所开展的经济活动对功能区内的自然和文化景观有直接或间接威胁和破坏。

（6）传统粗放式自然管理区。传统粗放式自然管理区允许进行传统经济活动，确保区域内居民的生计，在一定程度上调和了生态保护和居民生产生活的矛盾。

当然，除了这六类提到的功能区之外，根据《俄罗斯联邦国界法》规定，一些国家公园可以在确定的边境区域内划出特殊管理区域，为保护俄罗斯边境地区安全提供便利①。

四、经验丰富的社区发展

在俄罗斯以国家公园为主体的特别自然保护区体系建设过程中，一直注重调节生态保护利益相关者的利益，在实行自然保护地参与式生态补偿机制方面经验丰富，成为可借鉴的优秀范本。

---

① 张光生，林天飞，朱蓉.俄罗斯国家公园建设与管理体系及其对中国的启示［J］.中国生态旅游，2022，12（02）：320-329.

生态补偿机制是在探索如何平衡环境权和发展权，将生态效益和社会效益统筹考虑下应运而生的一种公共制度。与为保护自然生态而"一刀切"，杜绝一切人类生产生活相比，参与式生态补偿机制将周边居民视为生态服务的"提供者"，居住在国家公园或其他保护地周边的居民通过提供生态服务而获得经济收益，从而将生态效益和经济收益有机结合在一起，实现了人地和谐。

在俄罗斯，一些法律条文明确表明对公众参与国家公园保护和管理的支持。如1993年《俄罗斯联邦宪法》中写道"每一位公民拥有良好环境权，有获得可靠环境信息和遭受生态违法损害时的索赔权"，这保护了国家公园区域内个人和社区的权益。在瓦尔代国家公园管理中，鼓励和支持当地居民参与住宿、餐饮等游客服务，通过生产销售绿色食品、纪念品、手工艺品等获得收入。此外，瓦尔代国家公园还积极推进管理部门与当地居民的沟通交流，让当地居民参与讨论国家公园保护和建设，动员当地居民参与国家公园组织的活动等。

五、多元灵活的资金渠道

俄罗斯自然保护地的资金来源多元化，从大类上主要分为财政拨款、市场经营和社会资本。财政拨款是由联邦政府进行专项拨款；市场经营主要在于门票等国家公园经营收入；而社会资金包含国际和国内非政府组织或个人资助以及公私合作等。俄罗斯法律对各类自然保护地的资金来源和使用支配情况都有明确法律规定，这为资金的来源提供了依据，也保障了经费专款专用，因此盘活了各种社会资本以发展国家公园[1]。

于2014年俄罗斯联邦政府颁布的《到2020年俄罗斯联邦旅游发展规划》中写明可"集中政府机关和私人企业的力量建造旅游基础设施"，也就是说可以联合国家权力机关和私有企业的力量在国家公园允许区域范围内建设基础设施项目，互利共赢[2]。所以，俄罗斯国家公园具有多元灵活的资金渠道和资金使用保障。

---

① 王宏巍，龙宇丹.俄罗斯自然保护地法律制度及对我国的启示［J］.重庆电子工程职业学院学报，2021，30（02）：16-22.DOI：10.13887/j.cnki.jccee.2021（2）.5.
② 杨洋.《2020年前俄罗斯联邦旅游发展规划》翻译报告［D］.黑龙江大学，2018.

第三节　经验借鉴与启示

一、推进国家公园立法进程

立法明晰国家公园概念，完善国家公园的法律体系。目前，我国国家公园法律体系建设进程中有两个突出问题亟需解决。一是我国法律对于自然保护地和国家公园关系并未有明确界定，我国自然保护地体系分类不清，造成国家公园在自然保护地体系中的地位模糊；二是我国自然保护地缺乏法律规范，在国家公园建设中也是出现"一园一法"现象，立法层级较低，多为地方性法规，缺少一部专属国家公园的法律法规，只有一部 2022 年 6 月由国家林业和草原局印发的《国家公园暂行管理办法》。

首先，要理清自然保护地和国家公园体系的关系。俄罗斯相关法律明确表明国家公园属于自然保护地的一种，自然保护地与国家公园是上位和下位的关系。俄罗斯将特殊自然保护地体系分成了六大类，并对各不同类型的保护程度进行了从高到低的排序，国家公园的概念明确统一，并且其在自然保护地体系的地位都清晰明确，为后续法律规定打下了坚实基础。而我国自然地保护类型多样，多由资源的属性和保护对象进行划分，又根据我国《自然保护区条例》规定，我国自然保护地类型有自然生态系统、野生动植物保护和自然遗迹保护区三类，这样一来，就容易出现自然保护地分类标准不一的乱象。因此，我们需要针对包括国家公园在内的自然保护地建立统一的国家标准，并明晰各分类区域的功能定位。

其次，要加快制定国家公园专门法律进程。俄罗斯在未建设国家公园之前就意识到完善的法律框架的必要性，因此俄罗斯虽并未设立专门专项的国家公园法，但俄罗斯国家公园的法律依据可从基本法、政府行政令等找寻，在1995 年出台的《特别保护区法》中对国家公园管理有专门论述，同时为了适应国家公园建设发展而每年都进行修订完善，法律体系相对较为完善[①]。相比

[①] 张鹏程. 国家公园立法问题研究［D］.黑龙江大学，2021.DOI：10.27123/d.cnki.ghlju.2021.000653.

之下，我国缺少专属国家公园的法律法规，也没有填补国家公园法空缺的配套法律体系，有关自然保护地和国家公园的立法体系不完善，可操作性不强。因此，我国需要依托国家制定有关建设国家公园的政策文件，推动国家公园立法进程。

二、优化国家公园管理机制

我国试点国家公园在管理运行方面目前面临着容易出现多头管理、权责不清，以及国家公园土地产权复杂、利益协调难度较大等问题。国家公园涉及方面多，占地面积广。目前我国的国家公园多为国家林业和草原局在各国家公园设立办事处加挂国家公园管理局牌子，建立分级管理体制，但因为涉及文物、自然资源、森林田地、房屋建筑等方方面面，因此国家公园的整体管理工作会涉及具体该地不同部门负责管理的具体职责，这使得在实际国家公园保护过程中出现双重领导现象，容易发生重复管理或疏漏管理。同时因为国家公园占地面积广，土地问题协调难度大，因此在对社区土地集体产权的处理过程中会加剧国家公园建设与原住居民生产生活和农民自主经营权的矛盾冲突。

在"多头管理，九龙治水"这一问题上，俄罗斯国家公园的做法是在联邦政府部门垂直管理下，每个国家公园建设其专门管理机构，该管理机构属于联邦国家预算机构，紧握该国家公园的财政大权，对国家公园的具体事务具有绝对话语权。这种管理体制可以防止政出多门现象，利于国家公园管理人员和管理经费的整体调控。因此对上能够实现具体国家公园的管理机构与俄罗斯环境保护和自然资源部的直接对接，对下能够贯彻落实环境保护和自然资源部的方针政策。在国家公园建设过程中的利益相关者协调问题上，俄罗斯构建了一套成熟的参与式生态补偿机制，不仅以法律形式赋予包括国家公园原住居民在内的公众参与国家公园保护和管理的权利，同时举办各类具体活动让居民切实参与，从中获益。

明确权责归属，完善管理体制。在国家公园发展建设过程中，需要构建垂直管理模式，明确国家公园的归属和权责划分。在中央，明确规定国家公园总管理部门实行统一监管、统一规范；在地方，由省级地方政府进行垂直管理，省市县级政府共同构建该地国家公园管理局，统一事权。

改革产权制度，统一行使所有权①。国家公园的土地归集体所有，建设国家公园属于集体土地建设，国家公园运营过程是集体经营过程，这不可避免会触及部分集体利益。对此，国家公园的土地应由设立的国家公园管理局统一管理，将国家公园的集体土地所有权和使用权实现规范性流转。如通过签订协议的方式，使得国家公园管理机构可以统一管理。

完善国家公园生态补偿机制。国家公园的规划建设在一定程度上会影响原住居民的生产生活，国家公园周边原住居民的搬迁安置问题是建设国家公园以来都需要解决的难题。搬迁安置原住居民不能只是采取简单的财政补贴方式，这只能解决一时紧急但不符合可持续发展，也容易成为后续国家公园建设的"隐形炸弹"。我们应当健全国家公园生态补偿机制，鼓励和引导原住居民积极参与国家公园配套产业构建，为原住居民创造就业与创业机会，增加他们的经济收入，只有原住居民在国家公园建设过程中有参与感并从中获益，才能缓解国家公园保护和社区发展的矛盾。

三、拓展国家公园资金来源渠道

在我国国家公园试点建设文件中，在资金保障这一方面采取的是以中央及各级财政拨款为主，依靠市场经营创收、社会捐赠资金为辅的资金来源机制。但在国家公园建设过程中出现的普遍性问题是国家公园建设资金紧缺，财政拨款不到位，并且一些国家公园地理位置较为偏远，远离中心城区，交通通达度低，无力依靠国家公园发展旅游休闲进行创收。而国家公园的公益捐赠机制尚不完善，各组织和个人对保护地的捐赠仅为少数，基本上没有社会资金投入到保护地的建设与管理当中。

因此，要立足国家公园的公益属性，建立健全资金投入保障机制和多元资金来源机制。资金保障机制是指国家公园资金的来源结构和运用方向，一定的财政事权和支出责任模式形成了相应的资金保障机制。

资金保障机制的来源结构指国家公园建设的资金从哪里来。从理论层面看，国家公园资金来源应有多渠道，如政府的财政投入、社会和市场经营等。

① 张文昌.国家公园管理体制与运行机制研究［J］.农业科技与信息，2022（09）：41-43.DOI：10.15979/j.cnki.cn62-1057/s.2022.09.028.

但从实际而言，国家公园资金投入总量不足，现有的国家公园试点运行主要采取中央对地方国家公园给予适当资金补助，主要财政拨款来源于地方。国家划拨财政有限，地方政府财政压力大，民间资本、社会运营并未成体系，使得国家公园资金紧缺。俄罗斯国家公园在资金保障方面引入了民间资本，公私共建来盘活资金，同时除了国内资本，俄罗斯还积极与国际组织对接，接受来自国际非政府组织的捐赠。

资金保障机制的运用方向指国家公园建设的资金用到哪去。国家公园空间跨度广、地理位置偏远，同时在建设前期为纯资金投入并没有资金收入，导致许多地方政府重视地方经济发展问题，对国家公园建设和保护忽视、忽略，把本属于国家公园的建设资金挪作他用，国家公园建设资金并未达到该有的水平。俄罗斯对国家公园资金支配有明确的法律规定，为资金的来源和用途提供依据，也以便监察，保障了经费专款专用，这值得我国参考借鉴。

四、结语

俄罗斯目前仍然属于发展中国家，面临着生态保护、脱贫减贫和经济发展的多重压力，这与中国社会经济发展阶段相似，并且在生态保护方面，俄罗斯先有保护地体系，再建设国家公园，我国亦然。所以，综合看来，俄罗斯国家公园的成熟经验值得我们分析和借鉴。

本章节主要以俄罗斯瓦尔代国家公园为案例地进行分析。瓦尔代国家公园是俄罗斯建设较早的一批国家公园，游客访问量大，是俄罗斯最受欢迎的国家公园之一，同时在生态保护方面得到了国际组织的认可，在 2004 年被联合国教科文组织认定为国际生物保护圈。可以说，俄罗斯瓦尔代国家公园在生态保护和旅游发展方面都比较成熟。

总结而言，俄罗斯在自然生态环境保护上具有高度的自觉意识并构建了较为完备的保护地体系。从立法角度而言，俄罗斯注重自然保护区的立法，不仅对于自然保护区颁布了奠基性法律《联邦特别保护自然区域法》，还发布大大小小相关法律进行补充说明，同时及时更新修正。国家公园作为俄罗斯特别保护自然区域中比较重要的一类，虽未有专门法律进行规定，但是其保护与开发都有法可循，同时针对每个国家公园颁发了专门的保护条例，构建了协调统一的法律体系。从管理机制而言，俄罗斯国家公园建立了自然保护地体系，明确了特别保护自然区域各类制度特点和差异；管理上建立统一分级管理体制，利于垂直管理，避免多头管理。在空间管理上，俄罗斯将国家公园划分为六类功能区，不同的功能区具有不同保护和使用制度，合理分区以避免混乱造成生态破坏。在社区管理上实行自然保护地参与式生态补偿机制，以立法形式保护社区居民权利，让社区居民参与其中，从中获益，避免某种程度上的人地矛盾。在资金筹措上也是以法律形式规定了"钱从哪来"以及"钱用到哪去"，将国家公园的资金来源与使用都放在了阳光下，对资金来源给予了有力保障，也预防出现资金使用错位、不当的情况。

俄罗斯国家公园上述这些做法对于还处在国家公园起步建设的中国来说具有很好的借鉴意义。当然，任何的事物都有其"适用性"和"水土不服"的地方，借鉴不等于照搬照抄，还是需要结合我国国情具体问题具体分析。

第八章

日本：日光国立公园

第一节 日光国立公园概况及资源特征

一、基本情况

（一）区位与地理位置

日光国立公园（Nikko National Park）横跨日本东北部以及关东地区，分属福岛、栃木、群马和新潟四个县，总面积约 1149.08 平方千米[①]，于 1934 年指定落成，涵括日光、鬼怒川、盐原、那须、尾濑等北关东主要名胜，是日本具有代表性的国立公园。日光国立公园大部分的地区是纳苏火山带的山区。纳苏达克（Mt. Nasudake）仍为活火山，由于火山活动创造出丰富的生态资源，华严瀑布、中禅寺湖、男体山、日光白根山等皆为著名的旅游观光景点，此外，日光国立公园中还有一处世界文化遗产——日光神寺，其与周围美丽的自然景观协调、融合，吸引着世界各地的游客。该公园可以从东京周边地区乘火车或者汽车便利抵达，因此作为一个兼具自然、历史和文化资源的国立公园，在世界范围内都很受欢迎。

（二）日光国立公园的定义与所属分类

日本将国家公园定义为"发展和人类活动被严格限制以保存最典型、最优美的自然风景的地区"。根据《自然公园法》，日本的自然公园分为国立公园、国定公园（准国家公园）、都道府县立公园三大类型。国立公园被视为严格意义上的国家公园，是自然公园体系的核心。在日本自然公园体系中，国定公园往往也和国立公园一起，被视为广义上的"国家公园"[②]。1934 年 12 月 4 日，日光国立公园与大雪山国立公园、阿赛国立公园、中部山岳国立公园、阿苏国

---

① 日本環境省.日光国立公园特点［EB/OL］.［2022-10-11］.https://www.env.go.jp/en/nature/nps/park/nikko/point/index.html.

② 谢一鸣.日本国家公园法律制度及其借鉴［J］.世界林业研究，2022，35（02）：88-93.DOI：10.13348/j.cnki.sjlyyj.2021.0082.y.

立公园同时被指定为首批开放的国立公园[①]。

二、公园资源特征

（一）丰富多样的自然生态资源

由于纳苏达克活火山（Mt. Nasudake）的活动，日光国立公园拥有丰富的地形地貌特征，包括山脉（那须甲子 / 那须盐原地区）、山谷（濑户合峡）、河谷（鬼怒川河谷）、湖泊（中禅寺湖）、温泉（日光汤元温泉）、瀑布（华严瀑布）、湿地（奥日光沼泽）、森林（那须平成森林）和水库等。

日光国立公园内有种类丰富的自然生态资源。在那须桥、盐原地区，从山脚到山坡都被茂密的森林覆盖，分布的树种由底部往上依次是山毛榉树、橡树、枫树等阔叶林，到海拔约 1600 米以上，因气候寒冷和火山土壤等因素生长着冷杉树为代表的针叶林。该地区还有纳苏达克山（Mt. Nasudake）的高山植物、努马帕拉沼泽（Numappara Moor）的沼泽植物等。在日光、金山、栗山地区，除了令人惊叹色彩华美的落叶阔叶林，在其海拔约 2400 米以上的山脊线和山峰生长着灌木状的草本高山带植物。在山坡上和山脚下的平坦地区，分布有诸如贵怒沼（Kinu-numa）沼泽和千叠原（Senjogahara）等湿地。在此公园内最有特色的两种植物是"掌上明珠"（Glaucidium palmatum）和杜鹃花。

由于地貌和植被多样，动物种类也十分多样，比较出名的有日本猕猴、日本西卡鹿、亚洲黑熊和山谷鱼以及两栖类动物等。

（二）列入世界文化遗产的资源

日光国立公园中的日光神寺于 1999 年列入世界文化遗产，含东照宫和意大利大使馆别墅纪念公园等文化遗址。

中禅寺湖周围地区在明治时代和之后曾作为驻日外交官和外国政府官员的避暑胜地而受到欢迎，意大利大使馆别墅纪念公园坐落于湖区。

（三）完备便民的基础设施资源

日光国立公园设立了日光汤元（Nikko Yumoto）游客服务中心，为游客提

---

① 日本環境省.国立公園一覧［EB/OL］.［2022-10-11］.http://www.env.go.jp/park/parks/index.html.

供一系列有关野生动物、游览路线和季节性观光的信息，以方便游客能选择更好的时间前来访问游览，该服务中心也会组织季节性的自然观测活动和其他活动。公园内的栃木县日光自然博物馆是游客了解日光地区自然环境的信息枢纽，这里不仅能提供最新的自然生态信息，也能借助博物馆旅游和户外旅游的结合，给予游客更多的日光的历史知识，使其获得更佳的游玩体验。在那须町（Nasu-Kogen）游客中心，通过视频、照片、插图等永久展览，游客可以获知日光国立公园在那须甲子（Nasu Kashi）地区的自然环境、文化历史、步道条件以及当地动植物等信息。那须平成（Nasu Heisei-no-Mori）森林为步行游览的游客提供导游服务，那须盐原（Shiobara）温泉游客中心为游客提供自然小径和野餐地点的信息，并在一年里的不同季节组织不同的活动。

第二节　日光国立公园的管理模式

一、日本国家公园管理体制历史变革简述

1911 年，日本提出要设立国立公园，直至第二次世界大战之前，日本总共确立了 12 处国立公园。第二次世界大战结束后，日本国会重新启动了国立公园发展计划。1931 年日本政府出台《国家公园法》，标志着日本国家公园制度正式确立。1957 年，日本对《国家公园法》进行了全面修订，并颁布了《自然公园法》，补充了日本国家公园制度的相关规定，以明确自然公园体系。随着日本经济的快速发展，环境问题日益显现并引起民众高度关注。1971 年，日本设立由总理大臣直接领导的环境省，环境省对环境问题直接干预，从而逐步确立起以环境省为核心的日本国家公园管理体系。

二、完备的国立公园保护与发展体系

（一）日本现代自然保护体系

1957 年，日本开始执行《自然公园法》，其总则的第一条便明确提出，该

法律制度的目的是为了严格保护自然风景区，并充分且合理利用自然生态资源，为国民提供保健、养生及科普教育的场所。目前，日本共有 34 个国立公园，每年吸引大量游客。

国立公园的保护和利用法规由环境省制定，每 5 年修订一次；国定公园适用的法规仿照国立公园的标准，由环境省指导都、道、府、县政府制定。按照日本《自然公园法》的规定：《自然公园法》的执行由国家公园管理人（园长）及公园的其他员工、地方政府官员会同公园的各类土地所有者合作完成。

1. 现代自然公园分类与设立标准

在《自然公园法》的指导下，日本的现代自然公园体系由国立公园、国定公园和都、道、府、县立自然公园构成①。国立公园须为能够代表日本自然风景，且能够方便游人欣赏自然而提供必要信息和基础设施的区域，在该区域内的开发行为和人类活动都会受到一定程度的限制。国立公园由国家直接管理，并通过由地理、环境、历史等专家构成的"自然环境保全审议会"提出管理意见，最终由环境省的环境部长指定和管理。国定公园相当于"准国立公园"，设立标准仅次于国立公园，需要拥有与国立公园发现的景观相媲美的、突出的主要自然景观，由环境部长指定，相关的都、道、府、县直接管理。都、道、府、县自然公园须构成一个突出的、能代表都、道、府、县一级的景观，由相关的都、道、府、县指定并经营管理。

2. 现代自然公园设立计划

依据《自然公园法》设立自然公园需要包含候选地申报、审议、指定、管理等执行程序。被指定等级的公园需要制定出公园计划和管理计划，以便对公园内的基础设施和居民、游客行为进行相应规范。

公园计划分为监管计划和项目计划。监管计划是在无序的土地开发与使用不断加剧的情况下，依靠监管计划对自然公园场地上开展的活动进行管理，以保护自然景观。受监管的活动类型和范围是根据陆地区域分类确定的，该分类根据自然环境和使用条件区分了六个不同的区域，如表 8-1 所示。

---

① 日本環境省.国家公园的历史和组织［EB/OL］.［2022-10-13］.h https://www.env.go.jp/en/nature/nps/park/about/history.html.

表 8-1　监管计划中的分区规则

分区	分区规则	备注
特别保护区	特别保护区是与公园内特殊的景观区相对应的区域，这些景观区保持了原来的状态，并对允许的行动加以最严格的限制	关于被监管的活动的许可制度
一类特区	景观与特别保护区相当的地区，符合在所有类别特区中保持风景美的最大需求，它们是当前景观需要尽可能多地保护的地区	
二类特区	需要努力调整和协调农业、林业或渔业活动的领域	
三类特区	保持风景优美的需求较低的地区，原则上对保持风景美的潜在影响较小	
海洋公园地区	必须保持潮滩和海岸礁等地形的区域，以及以海鸟等野生动物为特征的海上美景，此外还有以热带鱼、珊瑚、海藻、植物和动物生活类似的特殊海洋景观	
普通区域	不属于特区或海洋公园区的地区，在这些地区努力保护景观，它们被称为特区或海洋公园区和非公园区之间的缓冲区	关于被监管的活动的通知制度

此外，由于自然环境因过度使用而面临损害风险，可以在本应适度利用但最终失序开发的地区建立受监管利用区。受监管的利用区域是旨在保护自然生态系统和促进长期使用的区域，通过限制进入的特定时期和限制可以进入该地区的人数，来实现保护自然景观和适当使用的目的。

项目计划概述了保护公园景观或景观元素、确保游客安全、促进适当使用以及旨在维护和恢复相关生态系统所需的各种措施和设施。它可以采取设施计划或生态系统维护和恢复项目计划的形式，计划具体的实施解释如表 8-2 所示。道路、洗手间和植被恢复设施等公共项目设施通常由政府或相关市政当局建立，而酒店等商业项目设施则由私人组织建立。

表 8-2　项目计划中的设计分类

条款	计划分类	解释	示例
设施计划	保护设施计划	恢复退化的自然环境，以及确保安全预防措施（保护设施）所需的设施的计划	植被恢复设施、动物繁殖设施、侵蚀控制设施、防火设施等
	利用设施计划	包括作为公园使用和管理中心的设施综合体计划，以及适当使用公园所需的设施计划。设施综合体是指以综合方式开发公园使用和管理设施的地区	利用设施的计划不会对自然景观造成任何负面影响

续表

条款	计划分类	解释	示例
生态系统维护和恢复项目计划	/	该计划的目的是采取预防性或响应性举措，清除入侵物种，以维护和恢复自然生态系统	鹿、荆棘冠海星或其他动物的喂养造成过度繁殖风险，或者入侵物种超过本土动物或植物

除国立公园外，类似地为国定公园和都、道、府、县自然公园制定了公园计划，但都、道、府、县自然公园没有受保护条例计划约束的特别保护区，也没有海洋公园区系统。日光国立公园中栖息密度最高的猴群和鹿群都对地区的自然和旅游造成了影响。猴群对游客的攻击和偷包行为催生日光市出台了全国第一项禁止投喂猴子的法令，而鹿群的数量过度增长，也对沼泽地和森林植被造成了严重破坏。日光国立公园也规划并实施了生态系统维护和恢复项目计划。

除了《自然公园法》这一专门适用于国家公园建设管理的立法之外，《自然保护法》《濒危物种和野生动植物保存法》《规范遗传基因重组方面的生物多样性保护法》以及《鸟兽保护及狩猎合理化法》等法规，对日光国立公园中相关自然遗产资源保护和管理问题也有所涉及。

（二）日本现代文化财保护体系

1950 年 5 月，日本国会颁布《文化财保护法》。对文化财的指定、选择、登记、分类、构成、管理保护责任、具体实施的范围及措施和财政补贴等进行了全面系统的规范。国家政府指定、选择和注册更重要的文化财产，以优先考虑它们，以获得更有针对性的保护。根据该法，日光国立公园将能够代表日本的、具有普遍价值的文化遗产——日光神寺推荐至联合国教科文组织，最终列入世界遗产名录。

1. 现代文化财保护体系分类

"文化财"即日语中的日本文化遗产，根据《文化财保护法》分为"有形文化财""无形文化财""民俗文化财""纪念物""文化景观"和"传统建筑物群"六大类，和"文化财选定保存技术"以及与土地中有待发掘的"埋藏文化财"共同构成日本文化财体系。

（1）"有形文化财"是指对日本具有较高历史、艺术和学术价值的有形文化产品，如建筑、工艺品、雕塑、书法作品、古籍、考古文物和其他学术价值较高的历史资料等。"有形文化财"又被分为"建筑物"（大型不可移动的文化遗产）和"美术工艺品"（小型可移动的文化遗产）两类。重要的有形文化遗产，会被指定为"重要文化财"，若对世界文化发展有着极高的价值的，会进一步被指定为"国宝"加以保护。

（2）"无形文化财"包括了戏剧、音乐、工艺技术等，其中重要的被指定为"重要无形文化财"，而官方认定技能、技术的个体保持者也被称作"人间国宝"。

（3）"民俗文化财"指人们的衣食住、生计、信仰、节日祭典等风俗习惯、民俗艺能、民俗技术，包括其使用的衣服、器具等，反映了人们的生活轨迹。国家在指定重要民俗文化财的同时，也会助力有形民俗文化财和无形民俗文化财的保存、整理以及传承等工作。

（4）"纪念物"包括史迹（贝冢、古坟等）、名胜（庭院、溪谷、山岳等）、天然纪念物（动物、植物、矿物等）、登录纪念物（尚未被日本政府或地方公共团体认定的纪念物）等，其中重要的被分别指定为"特别史迹""特别名胜""特别天然纪念物"。

（5）"文化景观"指日本各地区人们独特的生活、生产方式以及一方水土气候形成的景观，其中尤为重要的文化景观，参考都道府县或市区町村的申请，指定为"重要文化景观"。

（6）"传统建筑物群"是指与周围的环境融为一体，构成历史风貌的传统建造物群。由地方政府制定市、町、村保护条例确定"传统建筑物群保存地区"，再由国家从中"选定"出"重要传统建筑物群保存地区"。

（7）"文化财保存技术"是指保护文化财过程中必需的制作、修理之类的技术，由日本政府选定的叫"选定保存技术"。

（8）"埋藏文化财"与上述各种文化财不同，仍处于地下埋藏的状态。

2. 日本文化财的认定、选择和登记

文化财产的认定、选择和登记由教育、文化、体育、科学和技术部长根据文化事务委员会提交的调查报告进行。

（1）日本文化财的认定

文化财的认定遵循三大原则：①承载历史的景观；②造型上代表历史独特的形制；③易于再现的历史文化遗产。涉及的相关基本制度有《重要无形文化财保持者和保持团体的认定制度》《文化财登录制度》以及《保存地区选定制度》。

（2）日本文化财的选择

文化财的选择用于选定"重要文化景观""重要传统建筑物群保存地区""保存技术"以及其他必要的记录等内容。选定的流程，基本都先由地方政府调查后制定相关区域规划和保护条例（国家会予以必要的经费支持），获得所有权人的同意，接着向国家提出报告和申请，经文部科学大臣和文化审议会之间的"咨询""被告"等法定程序，最终被国家"选定"，并获得相关的财政补贴和技术支持。其中"重要传统建筑物群保存地区"的选定与其他文化财的选定不同，它是由地方政府和当地居民共同决定确认的。

（3）日本文化财的登记

2005年《文化财保护法》再次修订，文化财保护范围从寺院、神社等宗教建筑扩大到民居、近代建筑、近代土木建筑、产业遗址等多种类型。现行的文化财登录制度与之前实行的严格准入制度相比更为灵活。

一是能与过去的重要文化财制定办法并存适用，不涉及法令的全体更替，避免了已经登记在案的文化财与未登记文化财之间的混乱；二是登录的文化财被指定为国家或地方级别的重要文化财后，会从地方公共团体制定的文化财登录名单列表中注销，避免了多头管理、二次登记行政管理上的资源浪费；三是特别提出了对那些在保护和活用过程中需要采取特别措施的建造物进行登录时，必须听取文化财保护审议会的意见；四是对文化财的价值有影响的现状变更需申报许可，维修等小规模的变更不需要申报，这给地方和公共团体足够的空间和自由，对文化财采取一些亟需的必要维修和改建措施；五是虽然日本中央政府没有在重要文化财上给予地方政府等同的优厚待遇，但是在地价税、固定资产税方面地方政府可以享有优惠措施，获得保护修缮的设计与监管费用上的资助，为活用、整治工程提供低息贷款 [①]。

三、"举国体制"下公园的管理与保护

（一）中央垂直与地方合作共管

日本国立公园是由国家负责的公共事业，其管理机构自上而下按照"（中央）环境省国立公园课——（地方）自然保护事务所——（基层）自然保护官事务所"形成层次严密的管理结构，各层级行使的依旧是中央事权。环境省国立公园课是对国立公园直接管辖的中央最高管理部门，负责制定统一的法律和管理规划。其按地区下设 11 个自然保护事务所，负责各自所在区域内的国立公园管理和协调事项。部分国立公园存在跨行政区域现象，因此也由不同地区自然保护事务所分别负责。自然保护事务所下设自然保护官事务所，负责国立公园的具体事务管理，保障政策执行的有效性。部分国立公园数量较多的地区，也会增设自然环境事务所。

由于日本是地方分权型的单一制国家，在受中央领导、监督的属性下，也会充分尊重地方自治的处置权。国立公园在现实管理中，会在遵循中央领导的原则下，纳入地方力量，形成多元公制的新型管理格局 [②]。地方的自然保护官事务所会与当地负责环境行政工作的事务所建立分工合作机制，共同管理国立公园。地方的自然保护官负责国立公园的分区规划、基础设施管理、环境保护与研究、野生动物保护、外来物种监管和自然生态恢复项目的实施等事项 [③]。地方负责环境行政工作的事务所主要负责开发许可、限制进入许可和行使行政强制权。

（二）不论土地权属的"地域制"

日本国立公园土地权属十分复杂，存在拥有土地专用权，但不一定拥有土

---

① 路方芳，齐一聪.基于日本文化财登录制度对中国文化遗产保护制度的思考［J］.安徽农业科学，2011，39（30）：18699-18701.

② 秦天宝，刘彤彤.央地关系视角下我国国家公园管理体制之建构［J］.东岳论丛，2020，41（10）：162-171+192.

③ 郑文娟，李想.日本国家公园体制发展、规划、管理及启示［J］.东北亚经济研究，2018，2（03）：100-111.

地所有权的情况。园内会存在同时含有国有土地、地方政府所有土地、私人所有土地以及村落和农林水产业的情况。为了确保管理权上的统一，解决各类错综复杂的利益关系，国家出台了《地域制自然公园制度》，即在确保共同土地资源管理和区域管理运营的前提下，无关土地所有权归属，由国家指定风景优美、多样且脆弱的生态系统和历史文化名胜为保护对象，进行"阶梯式"用地管理分区，限制部分人为活动，实现对日本国立公园的保护和公共开发利用。《自然保护法》和《自然环境保护法》指出，应在尊重产权的基础上进行国土开发、协调各方利益并服务于公共利益。依据《自然公园法》，国立公园"地域制"管理中最重要的实施方式是与当地居民签署《风景地保护协定》，环境省大臣、地方公共团体或公园管理机构或管理机构指定的非营利组织与土地所有者通过签订此文件，土地所有者可以获得税收优惠，减轻土地管理负担，多方实现对国立公园土地的协同管理。

（三）充分的日本公众参与保护

（1）"公园管理团体"制度

国立公园在实际管理中通常会采取"公园管理团体"制度，以协调多方利益。公园管理团体是由民间团体或市民自发组织的，经国立公园上报环境大臣认可的公益法人或非营利性活动法人，全面负责公园日常管理、设施修缮和建造，以及生态环境的保护、数据收集与信息公布[①]。"公园管理团体"制度将每年8月的第一个星期日定为"自然公园清扫日"，届时各个地方团体将发出倡议并组织国立公园义务清扫活动。每年的7月21日至8月20日，也会在日光国立公园举办以"亲近自然"为主题的自然公园大会。同时日光国立公园提供"青年公园游骑兵队"项目，让小学生和初中学生可以与护林员和公园志愿者一起研究自然环境，同时通过理解保护自然、与自然接触和培养对所有生物的同情心来培养全面的人文精神。

（2）"自然公园义工"制度

日本国立公园的义工制度相当健全，其中以"自然公园指导员"制度最成

---

① 蔚东英.国家公园管理体制的国别比较研究——以美国、加拿大、德国、英国、新西兰、南非、法国、俄罗斯、韩国、日本10个国家为例［J］.南京林业大学学报（人文社会科学版），2017，17（03）：89-98.

功且最具规模。自然公园指导员由各都、道、府、县知事和财团法人国立公园协会会长组成，由民众推荐富于指导力及行动力者为会长，由环境厅自然保护局长以委嘱方式委任，来协助国立公园办理利用指导、自然解说、环境清洁美化、游客安全维护及信息搜集等相关业务。相较于其他国家更具义务属性的制度而言，日本"自然公园指导员"制度更具组织化与专业化，由中央政府环境厅委任，更具有荣誉及使命感。除此之外，社区居民会自愿发起协助国立公园工作，和对其特定地区的自然和社会条件有广泛了解的其他组织合作，如"绿色工人计划"等。

四、"日本遗产"项目下公园的文化资源"故事化"

2015 年，日本文化厅推出"日本遗产"项目，国家和地方共同运作打造"文化名片"，使得文化资源转变为文化遗产，再通过遗产开发和消费，增强文化自觉，再现历史记忆，强化文化身份认同。地方政府会深入挖掘地域的历史魅力与特色，通过讲述该地特色的文化遗产故事与历史发展脉络，将有形和无形的各类文化遗产纳入叙事话语中，并围绕叙事主题打造文化遗产集群，最终达到经济和文化双双发展、地方振兴的目的。

五、平稳的财政政策与多元的资金渠道

（一）稳定的中央与地方相结合的融资体系

20 世纪 90 年代，日本国立公园作为公共事业正式纳入国家预算体系，有了稳定的财政来源基础。随着国立公园基础设施的逐步完善，2002 年《自然公园法》修订后，日本国立公园近年来开始实行"执行者负担"和"受益者负担"的融资原则。"执行者负担"即环境省与地方政府作为执行者，需要对执行工作协作者提供资金支持，为国立公园管理机构所需的运行费用提供保障。"受益者负担"即参与国立公园开发活动而获益的个体作为受益者，需要根据获益情况向国立公园支付一定费用。

由于日本国立公园的土地国有率较低，土地权属问题复杂，因此日本禁止公园管理部门制定经济创收计划，除了日光国立公园中部分世界文化遗产和历

史文化古迹等景点实行收费制以外，日光国立公园内的其余地区都不收门票费用。

日光国立公园的经营费用主要来源于环境省直接拨款和地方政府筹款，按照 1：2 或 1：3 的比例分担。园区内的维护工作开销主要由环境省、都道府县政府和地方企业均分承担。国家可以在预算拨款的范围内，根据内阁令的规定，对执行有关公园工作的县的部分必要费用进行补贴。除此以外国立公园还有部分收入来源于公园内的停车、导游服务、餐饮和住宿收费，以及自筹、贷款、引资、依托基金向社会募集资金等。

在"执行者负担"和"受益者负担"的融资原则的影响下，地方政府和社会机构都高度参与国立公园的融资，中央政府的财政压力大大减少。

（二）类型多样的社会协作体系

由于土地所有权的问题，政府不能把当地居民，尤其是持有所有权的居民排除在国立公园的经营活动之外。再加上国土面积狭小、人口密度大、农林经济发达等因素的共同影响，造成私有土地拥有者和其他利益相关方高度参与国立公园经营管理。2002 年修订的《自然公园法》对此进行了控制：一方面引入地区非营利组织参与国立公园的部分工作，另一方面原本交给企业的补助金改为交给地方政府和民间团体，增加了环境省对国立公园的直接管理事项。环境省、地方政府与社会主体的多方关系逐渐协调，国立公园的管理水平逐渐提升。

第三节　经验借鉴与启示

一、健全国家公园保护立法

立法是健全国家公园管理体系的基础，日本注重对国立公园的自然环境和文化遗产的立法保护，积极创造保护环境。法令的定期迭代更新也为国立公园的建设提供了扎实的法律基础。日本出台了《环境保护基本法》《国家土地基本法》《自然环境保护基本法》，又基于国立公园的环境保护和土地利用的需求出台了一系列如《自然保护区法》《自然公园法》《古城保护特别措施法》等18 部法律。对于文化遗产的保护和发展也有《文化财保护法》《保护世界文化与自然遗产公约》《保护非物质文化遗产公约》、"人间国宝"保护制度、"日本遗产"项目等构成的日本文化财多角度保护框架，日本文化财得以合理利用，实现文化的可持续发展。

因此完善相关的法律法规是我国国家公园持续发展的根本保障，需要尽快完善国家公园法律体系，国家公园的管理应精细化、差异化，自上而下，从国家至民众，形成严密的法律框架和制度，使得国家公园的工作有法可依。目前我国已经启动了《国家公园法》的立法工作，但在后期适时地开展与国家公园法律法规相关的修改工作，确保整个法律体系的统一性和完整性也是很必要的。

二、建立层级清晰的管理机构和职权配置

（二）明确管理机构设置

中国国家公园管理机构一直面临着多头管理、甚至空头管理的现实。参考日本国立公园的管理理念，结合我国环境领域中央地方关系中的权力上收趋势，应当选择自上而下的垂直管理模式，构建由"（中央）国家林草局（国家公园管理局）——（地方）各个国家公园管理机构——（基层）具体管理部门"的管理结构，由国家林草局（国家公园管理局）作为中央政府的主管部门，将管理事权授予各国家公园管理机构，负责国家公园的具体保护和管理。各国家公园管理机构应为国家林草局（国家公园管理局）的下设机构，如此便能根据各个国家公园的生态条件和土地权属进行差异化管理。考虑到国家公园的差异性发展和管理需求，省级管理主体行使国家公园事权可以在经过中央授权委托或者通过制定相关的法律法规予以授权后，作为国家公园垂直管理体制的例外或者补充，并受国家林草局的监督。

（二）明确管理职权配置

借鉴日本国立公园管理职权配置经验，应当尽快对国家林草局（国家公园

管理局）、各国家公园管理机构以及下设部门的管理职权做出明确的规定，如行政决策权、组织权、决定权、行政处罚权等，以便各个机构能够有效发挥管理职能，履行职务责任。在国家公园规划体系建设中，各类规划文件的编制权力应充分赋予各国家公园管理机构，明确管理时间计划表和区域等级管理表。对国家公园内的自然资源划分、认定和登记，各国家公园管理机构也应有权协助，推进生态保护的进程。各国家公园管理机构还应该在法律界定的运营国家公园行为的规范下，拥有许可其他机构及企业在国家公园行使特许经营权等合法活动的权力，拥有按照国家公园管理分区，进行征收与签订行政合同最终实现土地流转的权力等。因为国家公园建设造成当地民众财产损失的，各国家公园管理机构也应负责生态补偿。

三、形成多主体参与协作的保护、运营管理机制

随着自然保护趋势不断走向复杂化、多样化、国际化，我国国家公园建设需要形成多主体参与的协同机制并最终服务于社会公共利益的实现。日本国立公园为了实现协调多主体利益，做出了许许多多的努力，最终能够保证公众参与公园管理。因此，形成多主体参与协作的保护、运营管理机制，能够实现自下而上的和自然生态相适宜的保护模式。

首先，要确定国家公园范围内不同利益相关者之间的关系。日本国立公园在建设时统筹了中央环境省、地方政府、土地权所有者、营利和非营利性组织之间的关系，对涉及的利益广度和深度进行尽可能详尽的调查。其次，明确各个利益相关者的角色和责任。日常管理、规划发展、调控开发、公园宣传、知识引导和公园维护等，每个工作部分都有自己的主要利益相关者，明确利益相关者的目标和期望后，再划定各自的责任范围。最后，建立起各个利益相关者之间的联系与达成共识是非常重要的。在引导公众参与的过程中，要注意实现广泛参与，而不是民众代表参与。在这个建设过程中，要广泛听取多方意见，形成多方利益协调的整合机制，并且国家公园管理的利益相关者的利益和责任都需要被定义、被纳入管理规划的制度和实施项目中。

第九章

巴西、阿根廷：伊瓜苏国家公园

第一节　伊瓜苏国家公园的发展概况

一、发展概况

伊瓜苏国家公园被誉为"世界上最壮观的国家公园之一"，很多旅行家及探险家都慕名而来。伊瓜苏国家公园由于自然环境的影响，地势及地形不断发生变化，形成了现在的伊瓜苏瀑布，而伊瓜苏国家公园正是围绕伊瓜苏瀑布建设而来，其地跨巴西与阿根廷两国，当地受到板块挤压的作用，山势突起，形成了现在的玄武岩地带，又处于亚热带地区，全年阳光充足、雨量充沛，大量的亚热带雨林分布其中，受到地形的影响，大部分面积处于巴西境内，少部分位于阿根廷境内，巴西境内面接约为 1700 平方千米，阿根廷境内面积约为492 平方千米，由于巴西与阿根廷都十分重视国家公园的建设，国家公园的基础设施面积与人工种植区域也在不断的扩大。在巴西与阿根廷国家公园内，物种多样性丰富，稀有物种较多，其中还有很多的濒危种动物，如貘、大水獭、吼猴、虎猫、美洲虎等。由于巴西与阿根廷国家公园内部建设及自然因素的影响，巴西伊瓜苏国家公园与阿根廷伊瓜苏国家公园旅游特色及旅游消费人群也不相同。巴西境内的国家公园面积广大，地势较为平坦，植被茂盛，自然风景秀丽，加上基础设施建设相对完善，适合人们休闲游玩、露营、野餐等，吸引的人群也多为家庭及以休闲放松为目的的人群。阿根廷境内的伊瓜苏国家公园由于处于整个地势分布的边缘地带，内部地势陡峭、山势险峻、海拔较高，并且在阿根廷境内，伊瓜苏瀑布落差大，水流湍急，前往阿根廷伊瓜苏国家公园多以探险、爬山、科学调研、野外生存等为目的者居多，但是在两个国家公园之间并没有明显的分界线，从巴西伊瓜苏国家公园进入阿根廷伊瓜苏国家公园是被许可的，游客到这里游玩既可以在巴西伊瓜苏国家公园进行休闲度假，也可以前往阿根廷伊瓜苏国家公园进行冒险。

二、历史沿革

伊瓜苏国家公园的建设较晚，但伊瓜苏瀑布的发现与起源较早。伊瓜苏瀑布于 1541 年被西班牙探险家德维卡首次发现，当时伊瓜苏瀑布还没有现在如此壮观，所以德维卡也没有对它进行过多的描述，只是认为它有点"与众不同"罢了，认为其溅出的水花比一般瀑布要高一些。

（一）伊瓜苏国家公园成为世界自然遗产

1984 年和 1986 年根据自然遗产遴选依据标准（vii）（x），阿根廷伊瓜苏国家公园和巴西伊瓜苏国家公园因其有着出色的自然美景和多元性生物自然生态栖息地，先后被联合国教科文组织世界遗产委员会批准作为自然遗产，列入《世界遗产名录》。1999 年，伊瓜苏国家公园被列入《濒危世界遗产名录》，原因是当地居民将原本在公园设立时放弃的一条公路重新启用了。这条 17.5 千米长的公路将公园分为东西两部分，这条公路使得居民不必绕路 130 千米。2001 年巴西联邦最高法院判决关闭该公路，该国家公园又被从《濒危世界遗产名录》中取消[①]。

（二）伊瓜苏国家公园成为世界旅游目的地

伊瓜苏国家公园因其自身的物种多样性及自然景观独特等原因，吸引了全球的旅游爱好者前往参观游览。因从巴西伊瓜苏国家公园一侧到阿根廷国家公园一侧并不需要办理任何跨境手续，这使得游客可以一览整个伊瓜苏国家公园的全貌。伊瓜苏公园公园的建设带给巴西和阿根廷旅游发展机会，在提升入境旅游收入、开发资源、扩大就业岗位、转变国内经济发展模式、丰富国民业余生活等多个方面都做出了突出的贡献。

---

① 百度百科，"伊瓜苏国家公园"［OL］. http://baike.so.com/doc/6710634-6924671.html.2022.

第二节 伊瓜苏国家公园的管理模式

一、阿根廷境内管理模式

（一）运行高效的国家公园管理机构

阿根廷自 1903 年开始建设国家公园以来，到目前已经超过了一百多年的历史，其境内的国家公园数量也在不断的增多，阿根廷伊瓜苏国家公园就是其代表性国家公园之一，在建设初期、发展中期、探索后期等阶段都取得了突破性的发展，而其国家公园管理结构到目前为止已经建设得相当完备，在管理、开发、保护、政策颁布、环境治理等多个方面都相当完善。如图 9-1，阿根廷国家公园管理局隶属于阿根廷环境与可持续发展部，其统一负责全国的国家公园建设与管理。由于国家公园数量多等原因，国家公园管理局又下设 12 个部，分别是：运营管理部、保护部、环境教育部、公众利用部、基础建设部、行政部、法律事务部、人力资源部、联络宣传部、战略规划部、行政调查部、审计部[①]。每个部门的职能不同，如：保护部的主要职能是自然保护区的政策制定与规划，同时对国家公园的资源利用率等进行评估；人力资源部的主要职能为内部人员的录用、编制的安排以及国家公园管理局内部的人员绩效考核、员工

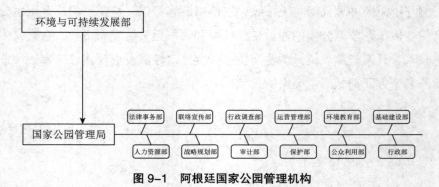

图 9-1 阿根廷国家公园管理机构

① 张天星，唐芳林，孙鸿雁，王梦君.阿根廷国家公园建设与管理机构设置对我国国家公园的启示［J］.林业建设，2018（02）：16-21.

培训等①。各职能部门之间相互制约，管理全国的国家公园及自然保护区、自然教育保护区、野生保护区等区域。

（二）多样化的管理模式创新

1. 相互制约，彼此牵制

从国家公园管理局上层来看，阿根廷国家公园管理局虽然管理着全国的国家公园、自然保护区、原野自然保护区等多个区域，管理权力大、管理区域数量多，但是其权力是由上级环境与可持续发展部授予的，并不是自行设定的，国家公园管理局内设主席、副主席等职位，这些职位是在环境与可持续发展部的监督下选拔或推选出来的，并不是由其内部选举产生的，为了防止滥用权力、以权谋私等情况的出现，环境与可持续发展部还邀请内政部、观光部、农业部、国防部等部门在国家公园管理局内部设立常设代表，对于国家公园管理局的内部事务进行监督指导。

从国家公园管理局内层来看，其下辖的 12 个部也是互相制约的。虽然各个部门职能不同，但是各个部门的权力确实呈现交叉分布的局面，如：国家公园管理局下发本年财政预算时，不仅需要将财政预算交由审计部进行初步审核，还需要交由运营管理部进行资金分配与管理；当资金流向明确之后，需要交由战略规划部针对国家公园、自然保护区等区域进行修订，之后再由各个部门进行审核，然后交由环境与可持续发展部进行最终的审核。总体来看，虽然各个部门掌管的权力不同，但是其职能之间是相互制约的关系，行使权力需要各个部门相互配合。

从国家公园管理局下层来看，由于各地区的国家公园、自然保护区、原野自然保护区等地理位置不同、环境不同、内部基础设施建设不同及人员分工不同等特点，为防止内生性管理问题的出现，国家公园管理局将各地区的管理权进行集中，如财政资金、管理权限等由国家公园管理局进行统一分配，各国家公园、自然保护区、原野自然保护区等地不能在无国家公园管理局同意的情况下擅自对资源开发、政策颁布、管理人员调配等进行安排。这样的管理模式尽

---

① 阿根廷自然保护地经营管理模式的启示［J］.福建林业，2020（02）：29-33.

管会出现如资金下放周期长、人员安排不合理等情况，但是会极大地减少内生性管理问题的发生，从长期的国家公园建设与管理上看是十分有益的。

2. 权力下发，合作共赢

国家公园管理局将各地方的国家公园、自然保护区、原野自然保护区、自然遗迹、自然教育保护区的权力进行统一，但是这也并不意味着各地方无法自主行使权力，国家公园管理局也会将一些权力下发给各地方，在一定层面上，国家公园管理局在国家公园、自然保护区、原野自然保护区、自然遗迹、自然教育保护区的管理上，只是扮演着监督者与协调者的角色，而真正的管理者依然是各地方的管理机构。如国家公园管理局将针对国家公园的财政资金下发之后，国家公园管理局不再管理该资金的具体使用，而交由国家公园自主决定资金的使用情况，国家公园可以将该财政资金用于基础设施建设、资源开发等多个方面，也可以用于员工福利、人员培训等方面。无论资金流向哪里，国家公园管理局没有权力进行干涉，但是国家公园管理局依然对国家公园拥有监督的权力，如果资金流向不明甚至影响了国家公园内部的建设与发展，国家公园管理局有权对资金进行没收甚至罢免国家公园的管理人员。

国家公园管理局内部，各个部门之间也是彼此合作的关系。国家公园、自然保护区、原野自然保护区、自然遗迹、自然教育保护区等地区在发展中出现的问题并不单一某个方面的，如环境污染，不仅需要环境教育部自查责任，也需要行政调查部调查国家公园内部管理人员的执行权力的情况，还需要战略规划部重新修订环境保护法案，最后需要联络宣传部扩大宣传，提高民众对于环境污染的警惕性。各部门之间需要相互协作，出现问题时也要及时沟通交流。针对一些环境复杂、地域面积大、跨越省份众多的国家公园、自然保护区、原野自然保护区、自然遗迹、自然教育保护区，国家公园管理局还划分了管理区域，使得这些区域能够得到有效的管理与控制，纳维瓦比国家公园就是很好的例子。纳维瓦比国家公园地跨里奥内格罗省和内乌肯省，湖区面积广大，物种多样性丰富，如果交由其内部的管理人员管理，管理难度大。再加上管理人员数量不足、管理政策缺失等问题，势必会造成一定的问题。国家公园管理局针对这一点，特地在纳维瓦比国家公园设立相关的法律政策，同时由政府进行间接管理，多年来，纳维瓦比国家公园在人与自然和谐相处方面走在了全国前列。

3. 定期评估，全面监督

从阿根廷国家公园管理局内部来看，国家公园管理局会定期对员工进行考核，基于国家公园、自然保护区、原野自然保护区、自然遗迹、自然教育保护区等地的建设现状，内部管理部门会进行相应的考核，包括人员的管理能力、组织能力、建设能力等多个方面。对人员的定期考核，有助于提高员工的工作效率与工作能力。

从阿根廷国家公园管理局外部来看，国家公园管理局会针对国家公园等地区进行相应的考核，通过建立考核标准如生物多样性、可持续发展能力等，来监测国家公园的管理与发展的现状。国家公园管理局的定期考核不仅能对国家公园的建设进行监督与指导，同时也能及时地发现问题加以修正，以此来促进国家公园更好的发展。

二、巴西境内管理模式

（一）中央集权下的国家公园管理

由于巴西森林覆盖面积较大、自然及生物资源丰富，巴西针对国家公园的管理采用的是中央集权制。如图 9-2，通过自上而下的管理，将权力集中，通过多个部门进行合作交流，在建设与管理中邀请民间机构进行合作，以此来建设国家公园。巴西国家公园的中央领导部门为国民政府委员会，其次是国民环境委员会，国民环境委员会将部分职能下放给国民环境部，在国民环境部下依次设置环境与可再生自然资源管理局（IBAMA）、奇科门德斯生物多样性保护研究所（ICMBIO）、水资源管理局，对国家公园的自然、生物、河流等资源分门别类的管理。巴西国家公园的管理部门并不单指这些部门，除这些部门外，为避免过度中央集权化，巴西将实施与颁布的权力分开，如巴西环境部可以修改、颁布环境法律，但是法律实施交由其他部门，如公共森林管理委员会。

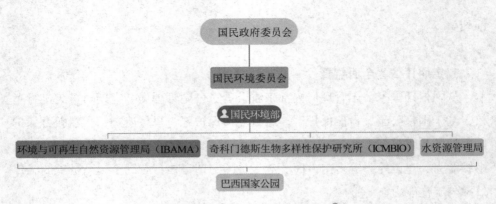

图9-2 巴西国家公园管理机构 [1]

（二）土地管理权的重要性

由于巴西保护地面积巨大，加上州、市、联邦等管理模式不同，巴西无法做到真正意义上的统一管理。为了提高管理的效率，巴西将国家公园及保护地等地区进行分级划分，保护地如果处于联邦管辖区就属于联邦级，保护地如果处于市级管辖区，就属于市级保护地等，尽管各地域的级别名称不同，但在法律意义上，其地位是相同的，保护的级别也是同等重要的。

因为土地管理权是由各地域负责的，这也会出现一个弊端——巴西有很多"纸上公园"（paper parks）。这些纸上公园的意思是某个国家公园被创建起来，但是因缺乏预算以及适合的管理制度而被搁置着 [2]。这些纸上公园的出现根本原因还是因为土地所有权的影响，由于部分国家公园在建设途中面临征收土地的情况，而土地的使用权在农民和地主手中，政府需要花费大量的资金去征收农民和地主的土地，还需要花费大量的时间去谈判。这些情况会对国家公园的建设造成一定的影响。

（三）人与自然和谐相处下的管理原则

巴西倡导人与自然和谐相处。由于自然因素的影响，巴西地势复杂，自然灾害频发，巴西在尊重自然的同时看到了自然带来的巨大破坏力，因此倡导人

---

① 贺隆元.巴西国家公园体制研究［J］.林业建设，2017（04）：11-15.

② 郭穗民.巴西伊瓜苏国家公园生态旅游发展特色研究［D］.上海交通大学，2012.

与自然和平相处，通过建设部分基础设施来维护自然环境，以此来平衡经济效益和社会效益。当然这是针对森林、高原等自然环境的。随着社会的进步以及城市建设的兴起，巴西不能一直维护原始生活状态，如果长时间不进行城市建设，在一定程度上会影响国家的整体发展，巴西在进行自然保护的同时也积极扩大城市面积，城市面积的不断扩大不仅提高了整体国家的综合国力，还在一定程度上提高了人民的生活水平。而城市建设不是简单的建设城市，巴西十分注重绿化，为了防止过度城市化的出现，巴西依法要求必须在城市内建有一定的绿化面积，这些绿化面积不得被占用、征用，不得被其他行业用地所代替。除此之外，巴西还将城郊地区的森林覆盖率不断扩大，一来是满足城市居民城郊休闲、度假的需要，二来是防止城市污染的出现。除了政府积极倡导人与自然和谐相处的原则之外，民众也高度遵循环保、尊重自然、和谐共生等理念，将生态环保的理念融入到日常生活之中，以此来推动整个城市的进步。

第三节　伊瓜苏国家公园的法制建设

一、巴西境内

（一）依法保护，制度束缚

巴西的自然环境复杂，如果出现环境污染及自然破坏等现象，很难做到全面整治和全面修复。为防止此类现象的发生，巴西制订了严格的制度法规，约束公民的行为。在生物保护上，为防治过度捕猎，巴西在部分自然资源丰富的地区依据区域现有的生物濒危程度、物种多样性、区域森林面积、居民数量等标准进行划分，分别划分为保护地、生物保护地异常高、生物保护地非常高、生物保护地高、生物保护地信息不足等区域，以此来观察生物保护的情况，以及约束居民行为[①]。在环境保护上，为了防止环境破坏、污染频发等现象的出现，巴西通过建立不同的法律来进行管制，如《环境保护法》《亚马逊生态保

---

① 塞尔吉奥·布兰.巴西国家公园体系建设历程［J］.林业建设，2018（05）：58-67.

护法》等。森林资源作为维护生态环境的重要保护伞，如果被肆意破坏，势必会对生态环境造成重大影响，但是巴西很多居民依靠开发利用树木为生，如果强行管制，将会影响国民经济。因此巴西在生态保护的基础上，也会允许部分区域可以合理化、周期性的开发利用。但是出于自然保护的需要，有一些区域依旧禁止砍伐森林，如亚马逊热带雨林地区。对于严禁开发的地区，中央收回了这些地方政府的森林开发权、土地管理权等，将这些权力集中到中央，以此来防止地方私自开发。在环境教育上，过去巴西的自然保护的法律分散，公民没有充分意识到自然保护的重要性。巴西通过重新修订法律，颁行《国家环境教育法》《国家环境犯罪法》等，来提高公民对于环境的重视程度。

（二）系统管理，分类实施

巴西联邦政府在环境管理内部建立起了国家环境系统（SISNAMA），汇集了联邦机构、环保机构、州、直辖市和联邦区，其主要目的是将宪法所规定的原则和规范落实到位。该系统通过全面调节、系统安排、多样实施、多层面监管等来对全国环境进行管理。从环境管理外部来看，依据各环境保护区域的特征及主要环境因素，巴西在大类上将环境保护区域划分为可持续利用区域及完全保护区域，可持续利用区域是指该区域生态环境良好，可以进行基础设施建设及居民生活，资源存在可再生等。巴西在这些区域进行合理规划，划分出采掘利用保护区、合理开发保护区等。完全保护区域是指该地区环境治理能力较差，当地环境极易受到破坏，内部自然资源虽丰富但是开采成本大，可利用率较低等。因此，巴西在这些地方进一步划分了禁猎区、生态站、国家公园、自然的纪念性建筑等。

（三）内外合作，加强沟通

巴西由于国家公园数量多、湿地及自然保护地面积大及管理人才缺失、管理体系尚未完善等多种原因，无法对于所有的国家公园、保护地、野生自然保护区等保护到位。因此，为了减少管理不完善等问题的发生，巴西联邦政府鼓励各地区的管理部门充分地加强沟通与交流，讨论自身在建设中遇到的问题，与其他地区的管理人员交流各自的经验所得。由于自然灾害、人为破坏等原因的影响，很多保护地及国家公园的基础设施还不是很完善，联邦政府也鼓励各地区进行资源共享，调配资源，推动落后地区的建设发展。由于财政拨款不平衡的原因，很多地域在建设成本、保护资金等事项上会出现一些障碍，联邦政府也在积极改善，为了防止各地区因资金问题导致地区建设落后或者保护不当等问题的出现，联邦政府一方面筹集资金，鼓励社会捐款，同时要求各地区在保护周期末提前规划下一个保护周期的预算，政府根据预算会定期拨款。

巴西也积极开展国际合作，分享自身关于国家公园的经验[①]。在贸易上，为了维护国家公园、自然保护区、野生自然保护区、自然遗迹、自然教育保护区等地区原住居民的基本生活，巴西积极开展对外合作交流。这一措施带给了当地居民一定的就业机会，提升了原住居民的收入。尽管受到国内政策的影响，当地居民无法通过自然环境获取经济收益，但是通过外贸的形式，当地居民可以通过官方渠道售卖水果等以获得收入，这不仅保护了当地的自然环境，防止因当地居民滥垦滥伐破坏自然环境等问题的出现，同时通过政府干预，也能保障当地居民的基本生活所需。中国也积极加强与巴西的合作，我国国内的国家公园建设相对于巴西来说还比较落后，近几年我国的长征国家文化公园、长江国家文化公园、三江源国家公园等刚刚进入初步建设阶段，在立足中国国情的基础上，还需要积极借鉴国外的国家公园建设经验，如巴西伊瓜苏国家公园、美国黄石国家公园等，以此推动国内的国家公园建设。

二、阿根廷境内

（一）人口迁移，发展与保护并行

由于阿根廷境内的国家公园面积大且人烟稀少，国家公园及自然保护地等经营成本高、资金投入大、治理能力较差。为了保护国家公园及自然保护地的自然环境，阿根廷积极鼓励人口迁移，鼓励人们前往国家公园、自然保护区、野生自然保护区等地区生活，依靠当地的居民来维护国家公园、自然保护地的环境。

由于人居环境的进入，自然保护地有可能会受到这些居民的破坏，为了防止意外情况（如森林火灾）的发生，阿根廷在鼓励人口迁移的同时也强调当地

---

① 王康冉.中国与巴西农产品贸易的竞争性与互补性分析［J］.现代农业，2022（04）：18-22.

居民要进行绿色经营。针对国家公园来说，由于国家公园保护设施完善，阿根廷鼓励人口迁移到此地，同时扩大居民经营范围，允许或鼓励当地居民从事不对环境造成破坏或对环境影响较轻的行业。在自然保护地，由于环境脆弱，部分区域自然环境修复难度大等原因，阿根廷建立了绿色品牌特许经营制度。依据特许经营条例和市场活动特点，评估被许可方的权利义务、知识产权、就业竞争、交易控制等状况，签订保护地特许经营协议，明确相应的法律和管辖权，并制定操作手册①。特许经营制度的建立，一方面保证了当地居民的生活所需，稳定了当地的社会秩序；另一方面由于人口迁移，推动了当地的经济发展，促进当地的基础设施的改善。当然，在不破坏自然的基础上进行发展，也会为保护自然地提供必要的经济基础。

阿根廷在保护的基础上鼓励一定程度的发展，在发展的基础上强调保护自然的重要性。这与我国近几年强调的"绿水青山就是金山银山"的理念存在一定的相同之处，都鼓励保护自然环境，减少滥砍滥伐等情况的发生，同时也强调自然环境也可以转化成生产力，保护自然的同时推动当地经济的发展。

（二）加强管控，定期评估

阿根廷十分重视对于自然环境、自然资源、生物多样性、河流等方面的保护与监管，通过制定相应的指标定期进行评估与考核②。过去由于阿根廷的过度开采资源、滥砍滥伐、过度城市化等原因，自然环境受到了严重的破坏，阿根廷看到了自然环境对于人类生存及经济发展的重要性，通过近百年的发展与变革，阿根廷建立了系统完备、管理全面的自然监管系统。该系统与巴西的国家公园管理系统相似，其内部分工明确，运行高效，对于突发情况能够做到及时处理。为了促使各地区提高对于自然保护地的重视程度，阿根廷根据地域特色系统划分了自然保护地区域，同时确定保护等级，通过不同的颜色来反映自然保护地的保护程度，其确定指标包括环境脆弱性、物种多样性、降水量等多个指标。不同颜色保护地的保护程度与人工开发程度各不相同，如：处于红色保护区的地域，在其中不进行任何人工开发，滩涂、湿地区域禁止人类进

---

① 徐宇伟.国家公园特许经营制度研究［D］.江西理工大学，2021.

② 中国公园协会赴巴西、阿根廷考察团.巴西、阿根廷城市公园绿地建设、生物多样性保护情况考察报告［C］//.中国公园协会 2008 年论文集.，2008：23-27.

入，使得该地区达到完全保护的程度；处于黄色区域的保护区为有限度的开发保护区，该地区允许人类活动的出现，但是其开发、建设、管理等必须以尊重自然为基础，不得进行对自然环境损害程度大、资源转换率低、易造成空气污染等活动。除此之外，阿根廷还确定了评估的指标，通过定期评估，考核区域管理部门及人员的工作效度，同时实施定期调岗制度，防止一人专政等局面的出现。

（三）自主管理，监督指导

从阿根廷国家公园建立初期到现在，阿根廷国家公园及自然保护地的数量已经达到一百多，数量庞大，相应的管理部门工作量较大。为了提高管理的效率与部分国家公园建设的进度，阿根廷将国家公园及自然保护地的管理权与建设权等权力进行下放，交由各省对这些区域直接管理，各省根据当地特色灵活调整保护与建设方案，国家公园管理局针对这些"自治"区域进行监督与指导。

不管是巴西境内的伊瓜苏国家公园，还是阿根廷境内的伊瓜苏国家公园，两个国家的管理部门对于自然保护、生态保护、土壤维护、环境治理等高度重视，两国都强调统筹兼顾。为了更好地保护国家公园，阿根廷与巴西一方面将地方的权力收回，由政府总体把控，有效地防止了地方懒政怠政、人为肆意破坏等现象的出现，另一方面为了提高对于国家公园及自然保护地的管理程度，阿根廷与巴西又将管理权限下放，鼓励地方政府积极地采取措施保护环境、有效利用自然。

第四节　启示与建议

伊瓜苏国家公园地跨巴西、阿根廷两国，依据其独特的地理及资源分布条件，两国对伊瓜苏国家公园采取了不同的管理模式，由于无法将山脉、森林等分成两部分单独管理，两国还签订了部分协议，以此促进伊瓜苏国家公园更好的管理与运营，如：游客在伊瓜苏国家公园境内实行免签政策，游客可以直接从巴西伊瓜苏国家公园进入阿根廷伊瓜苏国家公园。两国共享游客资源的政策不仅促进两国的经济发展，同时产生了一定的协同效应，带动了不同文化间的交流。

阿根廷伊瓜苏国家公园与巴西伊瓜苏国家公园目前在建设、运营、管理、维护等各方面都逐渐地在完善，同时不符合国家公园要求的事项也在重新加以规划，当然在建设过程中也存在一定的问题，如资源规划不到位、迁移人口安抚问题、就业质量有待提升等，但是就目前现状来看，两国对于伊瓜苏国家公园的建设是与"人与自然和谐发展"的规律相呼应的，在政策、居民管理等方面都有体现。根据我国国情，我国对于国家公园的管理可以借鉴伊瓜苏国家公园的管理模式，如建设相应的国家公园管理机构，并下属多个部门分类管理，与他国签订协议，借鉴他国经验，对于自然环境脆弱的地区实行人口迁移等。

第十章

法国··赛文山脉国家公园

第一节　法国赛文山脉国家公园的概况

一、基本情况

赛文山脉公园最初设想为一个文化公园，它是法国唯一的一个位于中等海拔且中心区有大量居民居住的国家公园，因此，美国的《国家地理》称其为"这里不是纯粹的荒野，而是法国传统田园生活的写照"。

自 1970 年创建以来，赛文山脉国家公园因其自然和文化遗产的价值而得到认可。它是由人类大大改变的景观和环境组成的。过去密集耕种，随后在 19 世纪末受到农村人口外流的影响，这些山脉和山谷现在重新引起人们的兴趣。自 1985 年以来，联合国教科文组织将其列入世界生物圈保护区。在管制区内有大量的常住居民。他们在这片土地将私人控制的中心地带的三分之二用于开发农业、林业、狩猎和旅游活动，另三分之一的土地属于国家或地方当局。

二、法国赛文山脉国家公园旅游价值

赛文山脉生物圈保护区和国家公园位于中央高原的南部，包括一些非同寻常的景观，如从洛泽尔山的花岗岩高地到艾戈尔壮阔的森林，从塔恩河和琼特壮观的峡谷到片岩赛文山脉的尖锐山脊和深谷。

自新石器时代以来，该地区的地质和人类的存在造就了目前的生物丰富性。区域内植被包括山毛榉、橡树、松树和冷杉等森林，地中海灌木丛，高海拔草原，以及河流和泥炭地。

由于农业活动的减少而使得放牧压力得以减轻，导致许多以前开阔的地区和草原被一些杂草等植物入侵。这就是生物圈保护区支持农村活动的原因，例如和农民签订合同，对农场的设施建设提供资金支持，维护当地的古老物种——奥布拉克牛（这是一个古老的品种，在法国享有盛名）、拉维拉绵羊（赛文山脉特有的绵羊），恢复长期废弃的栗树林并加强管理狩猎和林业发展。

该生物圈保护区与西班牙东北部加泰罗尼亚地区的蒙塞尼（Montseny）生物圈保护区结成姊妹地，并研究在培训和教育活动方面开展密切合作。

第二节 法国国家公园的管理模式

一、中央层面管理体制

法国国家公园的管理体制总体分为两个层面——中央和国家公园。在中央层面来说，作为生物多样性署的下属机构，国家公园管理局统筹 10 个国家公园的诸多工作，总体分为以下四个方面：

①给予这 10 个国家公园管委会政策建议，并提供技术支持；

②制定具有国际视野和本国特色的公园公共政策；

③以法国国家公园的身份出席国际和全国论坛；

④树立良好的国家公园的形象并打造自身品牌。

从成员组成上看，国家公园联盟由各国家公园管委会的主任与副主任、董事会主席或代表、大区政府代表、议员和参议员、专家及工会代表等构成[1]。

二、国家公园管理体制

从国家公园的管理体制来讲，法国采用以"董事会＋管委会＋咨询委员会"的管理模式。董事会、管委会、咨询委员的职责分别是民主协商和科学决策、执行保护管理的政策、提供专家咨询服务。

国家公园董事会（Conseil d'administration，CA）的构成主体是本国环境部代表、大区政府代表、相关科学家、具有一定影响力的社会人士等，协同负责国家公园的诸多审议和决策工作，以及遗产保护、土地规划等其他事宜。国家公园董事会选举主席团（Président du CA）公开透明，选出任期为 6 年的主席

① Guignier A，Prieur M. Legal framework for protected areas：France ［J］. Guidelines for Protected Areas Legislation. IUCN Environmental Policy and Law Paper，2010：81.

（1 名）和副主席（2 名），总体负责董事会的全局协调工作。与此同时，董事会还需要向本国环境部举荐 3 名管委会主任候选人，并由环境部选定及任命①。

具有政府工作机构性质的国家公园管委会受法国环境部直接管辖，法国环境部具有其财权、人事任免权，包括但不限于管委会主任与副主任、执行秘书长与秘书处、服务部、土地部门和区域主管部门等②。根据非全面统计，国家公园管委会的工作人员的规模通常不超过 100 人③。

国家公园咨询委员会相比前两者较为复杂，其主要分为两个部分：第一个是科学委员会（Conseil scientifique，CS），主要由生命科学、地球科学等领域的专家组成，主要职责是提供专家服务，如规划文件、森林管理、旅游开发等；第二个是社会经济与文化委员会（Conseil économique，social et culturel，CESC），其构成主体以公益组织、利益相关者、地方居民代表等，主要职责是体现在宪章制定、合同签署以及社区发展等。小部分国家公园设立了专题与地理委员会（Commissions thématiques et géographiques），对于特定的问题进行针对性解决，其构成主体也较为灵活，既可以是董事会成员、科学委员会代表，也可以是社会经济和文化委员会代表等，甚至是社会人员、当地居民等都可以入选④。

第三节　法国国家公园体制改革

美国国家公园体制作为国家公园体制的典型代表，为法国国家公园借鉴了 40 多年，但在期间暴露的各种各样问题，说明美国国家公园体制并不完全适

---

① Mathevet R，Thompson J D，Folke C，et al. Protected areas and their surrounding territory：socioecological systems in the context of ecological solidarity［J］. Ecological Applications，2016，26（1）：5-16.

② The Administrative Organization of a National Park［EB/OL］.［2018-01-01］. http://www.parcsnationaux.fr/fr/des-decouvertes/les-parcsnationaux-de-france/lorganisation-administrativedun-parc-national.

③ National Park Presentation Brochure［EB/OL］.［2013-2-31］. http://www.forets-champagnebourgogne.fr/fr/un-projet/les-fondements/questce-quun-parc-national/

④ The Charter of French National Parks［EB/OL］.［2018-2-20］. http://www.parcsnationaux.fr/fr/desdecouvertes/les-parcs-nationaux-de-france/lacharte-dun-parc-national.

用于法国国家公园的运行，由此，大区公园的管理模式成为法国政府所探索的另一条发展道路，并于 2006 年进行国家公园体制改革。

法国政府在 2006 年 4 月 4 日推出一部新的《国家公园法》（*du relative aux parcs nationaux dt ses decrets d'application*），因法律变革而导致实施的工作也要随之变化。在 2007 年 2 月 23 日，《关于在所有国家公园执行基本原则的决议》由法国环境部推出，这一部法案和中国政府在 2017 年出台的《建立国家公园体制总体方案》很相像，两者都表现出国家层面对国家公园全面改革的决心和发展方向上的规划。值得一讲的是，法国这一次改革更加贴合法国国家公园的实际情况和本国国情，在管理方面提出创新。从目前来看，这一次改革取得了一定成效。

一、对完整生态系统的统一管理

在以往的体制情况下，"核心区＋外围区"的模式是法国国家公园的主要管理模式，这有一些类似于中国的自然保护区的管理模式——"核心区＋缓冲区＋实验区"。一般来讲，土地权属问题是最主要的问题所在，如果土地权属问题的限制性较大就会导致国家公园无法将所有的生态系统纳入其中，这就使得外围区功能性大幅下降，无法实现高度的统一管理。如今改革建立了"核心区＋加盟区"的空间结构，这与以往的"核心区＋外围区"有着根本上的不同：

其一，"核心区＋加盟区"更加侧重于民主性和包容性，倾向于平衡严格保护与合作发展之间的关系；其二，"核心区＋外围区"更加侧重于政府的意志，采用强制性的封闭保护，削弱了外围区起到的合力作用。

为了更好推动"核心区＋加盟区"的模式实施，在国家公园管理中引入"生态共同体"（ecological solidarity）这个概念，使得核心区和加盟区之间的生态关联与利益共享更加明确。

二、治理体制上的上下结合

此次改革第一次以法律的形式确定了治理结构和各方的权利与职责，建立了"中央＋地方"共同参与管理的治理体系，并向地方的利益相关者授予更大的权利去参与国家公园的管理。同时，决策程序更加科学化，这就得以更好地兼顾以农牧和旅游相关产业作为谋生手段的社区居民的发展，从而实现更大程度上的"保护为主"。其具体做法主要为：

①在董事会、环保组织和行业协会中增加地方代表的席位，使其成为多数派，在环保组织和行业协会的席位中增加农业和旅游业代表的席位，增强地方代表在国家公园治理中的话语权。

②法律赋予经济、社会和文化委员会及科学专家委员会以更高的法律地位，使其在决策中发挥更大的作用，在项目审批以及确定国家对地方补偿方面作用尤为突出。

③地方利益代表充分参与管委会的决策和执行，从真正意义上实现上下结合的综合治理。

但是，这种新的治理体系主要运用在加盟区范围内，中央政府依然主导着核心区，董事会只能在核心区受中央政府领导，只有建议和协调功能，此改革旨在对于国家公园的管理权实现更好的分配。在这种新的治理体系下，国家公园委员会从地方市镇中得到部分执法权，包括森林公安、交通警察等职能。需要说明的是交通警察职能是指管辖镇区范围之外；拥有核心区范围内的停车场以及道路建设的许可证，但是只有在核心区内拥有 50 万以下的人口才可以执行，在核心区内拥有 50 万以上的人口时，地方政府负责执行。改革中还产生了一个新的公共机构，即生物多样性署。

在 2016 年 8 月，法国政府颁布《生物多样性保育法》，旨在尽可能去抢救和保护濒危物种，由此设立生物多样性署，其目的是为了团结各方的力量，更好地落实生物多样性保护的公共政策。生物多样性署是由国家水资源和水环境局（ONEMA）、自然监测技术中心（ATEN）、法国国家公园及海洋区域管理局和国家植物保护委员会这四个机构组成。从国家层面来讲，更加强化了政府对国家公园进行统一管理。

第四节 法国特色的大区公园体制

在引用美国国家公园模式发生多种困难的情况下，法国的大区公园体系收到良好效果。从管理的范围来看，大区公园成为体量最大的保护地体系。大区公园管理模式有三个特点。

一、上下左右里外结合的治理模式

多方参与董事会治理和共同管理，是上下左右里外结合治理模式的重要体现。法国大区公园采用上下分工、左右协调、里外共赢的治理模式，可以更好地去解决自然保护和当地发展问题，平衡两者之间的关系。这种均衡体现在大区政府、地方政府和公园管委会等管理层之间，以董事会作为载体，充分考虑各方的利益做出抉择；公园管委会希望将大区公园的范围扩大，将大区公园所处的同一生态系统下的市镇以加盟区身份纳入其中，并且制定一种共同履行的契约，公园管委会和加盟区共同组成的利益相关者是契约的履行主体。虽然用这种形式使得公园管委会失去加盟区内的规划权、执法权，但是依靠法律的形式，促成市镇与公园管委会的统一管理，形成互利共治的良好局面。但是，这种体制能够实施的前提是资金充裕，因为各个公园的经营收入大多数仅仅占全部运营成本的 10% 左右，而剩下的 90% 资金都是来自国家农林部门、大区公园、当地政府等，所以这离不开各级的财政支持。

二、有较好的绿色发展体系和多种扶持手段

大区公园建立绿色发展体制，其主要依托打造公园产品品牌增值体系经营产品，如农副产品、第三产业产品如民宿等，从中获得良好的增值效应并采用统一的市场营销。

公园品牌可以为加盟市镇带来可观的收益，但与此同时，加盟市镇也要严

格遵守法律规定，履行其应有的环境保护义务。这极好地平衡了当地环保与地方发展的关系，由此可以看出，绿色发展体系对双方之间的互惠共赢创造了良好条件。

三、易于实现跨行政区管理

大区公园不同于法国行政区划，一般来讲，法国的行政资源配置大多受到行政区划影响，但是借助诸多措施，如董事会、法律以及公园产品品牌增值等，使得大区公园有着更加自由的管理空间，跨省乃至跨大区的统筹都可以实现。整个生态系统所有的区域都能受到统一的管理，从某种程度上说，这是一个联邦式的管理模式。因此，这与国家公园相比来讲，大区公园这种模式更为成功。因为大区公园将区内和周边城镇形成一个利益共同体，其表现在市镇对于大区公园建设与发展高度支持，兼顾了保护与发展一同实现。并且大区公园将经济复苏作为发展的第一要务，扮演的角色是促发者（enabler），一旦经济后退，就会被认为是损害了地方景观与文化价值。

第五节　法国国家公园的体制特点

国家公园的治理结构和管理体制是处理好国家公园上下左右里外的关系的关键性问题。国家公园的体制改革，充分考虑到各方之间的利益，形成良好的发展机制——绿色发展，内生性和可持续性更好地体现在保护和发展的关系中。

一、以加盟区理念为核心的空间统一管理体制

国家公园和其他的保护地实行空间统一管理的常规做法是分区管理。其管理体制大致如下，分区管理依据地方差异性的资源特征、资源价值与管理目标等，成立生物圈保护区，划分出"核心区＋缓冲区＋实验区"。加盟区的引入，成为法国国家体制改革的一大亮点，这种空间管理特色体现在：

①资源价值的认定不同以往，分区目的、理论依据、实现路径等都是以保障核心资源得到充分保护的前提下进行的。积极调动公众的热情，尊重各方的合理诉求；扩大当地社区的加盟，形成有凝聚力的相关利益团体。

②加盟区的设置主要以实现当地的生态系统的完整保护，实现当地居民文化的原真性保护为目的，而不是实现某些特殊的管理目的。同时坚持公平对待各方的原则，不能因为资源上的差异而导致区别对待。

二、治理体制和管理单位体制

（一）治理体制创新

在借鉴大区公园经验的基础上，政府对于法国国家公园的公园体制做出针对性调整，平衡各级政府之间、不同政府部门之间、国家公园与社区之间的利益矛盾。在这种情况下，董事会起到了重要的作用，因为其具有法律地位以及在决策上的实际职能。从实际运行上来看，大区公园的董事会制度虽然是法国国家公园董事会的前身，但是法国国家公园董事会在保护力度上明显优于大区公园。国家公园董事会主要具有以下三个特征：

①董事会的成员层面扩大，不仅仅有着中央政府、地方政府为代表的国家层面，也有着国家公园的普通员工、地方居民和行业协会等为代表的社会层面，共同参与决策。

②决策者和执行者严格区分，董事会负责公园加盟区的管理决策，中央政府管辖下的公园管委会负责加盟区的政策执行，充分保障了各方之间的权利和义务。

③董事会直接选举出董事长，董事长主要负责主持国家公园法律起草、实施、评估的工作，董事长一般以当地市镇官员居多。

通过以上的管理机构建设，促成多方之间的互补局面。其一，形成了国家公园管理体系下的董事长和管委会互补的局面；其二，形成了地方利益和中央利益互补的局面，主要体现在地方和中央为代表的政府部门、民选人士和中央官员为代表的管理层。这种模式是法国国家公园中央与地方之间统筹协调关系上的一大突破。

（二）形成多方治理、利益共享规则

在保护地区中，由于社区与公园管委会之间的核心利益不同，前者身为利益的主要相关者，而后者作为前者的利益冲突者，所以两者之间的矛盾十分严重。而在法国国家公园改革后，通过法律的形式，确定了一种新的治理原则——共同参与、利益共享，这使得双方之间形成良好的合作关系。法律规定了每一个法国国家公园所要遵守的管理制度，国家公园管委会、社区共同协商具体条款，通过谈判的方式，国家公园范围内所有的参与者共同起草法律规章，这就极大地保证了双方的利益。通过谈判所形成的法案文件提交给法国中央政府，充分听取各方代表的意见，在公示后没有异议的情况下，法国中央政府发布法律。这种法律的制定模式为国家公园管委会和社区之间提供了强有力的媒介。体制改革目的是为了提高当地居民和相关产业从业者的认同感和自豪感，让大家觉得自身就是"国家公园居民"（citizens of national park），重新激活当地的经济社会文化生活，让这片区域的未来构建在遗产保护与社会经济发展高度协同的基础上。

（三）绿色发展和特许经营机制

针对于保护地管理的制度，通常是以经营机制作为常规制度，但是这对于法国国家公园的管理发展并不乐观，特许经营虽然不是法国独创的方式，但是特许经营却成为法国国家公园经营机制上的一大亮点，其原因在于法国凭借国家公园品牌这一亮点，促进各方利益相关者，如地方企业、当地居民等，以自愿加盟的方式实现保护与发展的平衡，从而达到共赢的目标。但是与其他国家的特许经营不同的是，法国国家公园的特许经营体制有三点特征：

①行业划分的精细化和行为清单；

②国家公园产品品牌增值体系；

③国家公园管委会提供的技术援助和科学研究。

首先，将符合"准入规则"（rules of use）作为法国国家公园特许经营的前提，应用于多个行业中，包括但不限于博物馆、纪念馆、自然景观等旅游景区、酒店以及民宿等旅游行业，也有像当地农副产品（水果、鲜花、蜂蜜等）、组织活动（划船等水上活动、登山、攀岩等户外活动）这些相关性产业。其次，在以"准入规则"（rules of use）为基础的行业分类以外，法国国家公园

还需要对管理的标准提出详尽要求，主要针对申请人自身条件和生产全过程的要求。以酒店与民宿行业的"准入规则"为例，对加盟者、加盟者自身的条件、服务的整个行为这三个方面进行详细的描述。与此同时，将原则性要求和具体实例相结合，作为"准入规则"中最为重要的部分，体现出涉及面广泛和考虑周全的特点。所以，以特许经营机制作为法国国家公园的管理方式，是促进法国国家公园和当地居民、相关性企业得以绿色发展的有效途径。

第六节　经验借鉴与启示

一、发挥各方所长并得到各方支持

在土地产权制度上，中国和法国存在着非常大的差异，但这并不影响中国去借鉴法国国家公园的体制。中国作为一个社会主义国家，土地制度是集体主义制度，尤其是对于高价值保护地来说，国家层面更加重视其发展情况。但是"人、地"约束条件在我国的国家公园体制问题中尤为突出，具体表现在土地的所属权较为复杂、大量的居民、发展的诉求较高、可替代性产业的发展条件尚未完善等问题。所以，对于体制下的这种"人、地"的约束问题，仅仅靠中央政府的直接管理是远远不够的，这受到三个方面的限制：

①负责管理国家公园的机构职责划分不清，常常出现多方管理、重复管理的局面，并且在土地管理权限上限制较多，掌管的权力范围较少，因此，想要实现资源的合理配置、统一调动人力、财力、物资等方面难度较大。

②通过中央层面的管理模式和行政力量很难去完全解决土地所属权所带来的问题，其在于中央政府的直接管理结构单一且力量有限，不能充分调动各方力量。

③中央政府的直接管理之所以未能形成"共搞大保护"这种合力，是在于其出台的相关政策没能充分考虑到各方切身利益的需求，当各方的核心利益未能得到充分保障时，就会造成对中央政府所制定的相关政策落实度不高的局面。

我国国家公园建设的最根本问题是集体土地上的限制，这是我国国家公园建设与发展不可避免的制度问题，我国目前的 10 个国家公园的体制试点区域里，集体土地占比是 30% 的公园有将近 5 个，其中最为典型的当属武夷山国家公园，其集体土地占比已经达到了 84%；其次是钱江源国家公园，其集体土地占比也达到了 67%；南山国家公园、长城国家公园、大熊猫国家公园集体土地占比分别为 58.5%、49.4%、28.59%。这可以说明一个问题，我国国家公园的体制建设的成功与否，很大程度上取决于集体土地如何利用，这具有重要的理论价值和实践意义[①]。而借鉴法国国家公园的体制则可以应对以上三方面的挑战。

二、多方得利的绿色发展才可能形成保护的合力

如果想要充分调动各方之间的统筹合作，那就必须要以中央提出来的"共抓大保护"中的"共"字为切入点。国家公园的管理要充分建立起正向奖励机制，这种机制体现在各级政府、当地企业、当地居民和一些相关性的社团之间的相互促进，形成联动。而建立这种机制的原因在于国家公园的保护目标是生态系统的原真性和完整性，其所包含的保护面积较其他的保护地类型来讲更广；国家公园的管理目标在于全民的公益性，利益维度较为复杂。真正能够实现国家公园的体制试点发展和建设初衷是在于从"钱、权"问题入手，其关键点是在于找到各方之间的核心利益，当各方之间的核心利益得到保障时，他们才会支持中央的解决方案。所以将正向奖励机制代替以往的上下结合的治理方式，方可充分提高地方政府、基层政府、当地社区以及相关企业的保护生态力度。而法国国家管理中采用的产品品牌增值体系是使得多方受益的一种有效方法，我国的国家公园应借鉴其模式加以进一步探索。

在中国来讲，武夷山自然保护区的茶产业完成产业升级后，逐渐形成多方受益的共赢局面，但是发展道路还很长，目前还无法进行全国层面的推广，因为其绿色发展的体系和制度尚未发展完善，保护地方环境和生产产品上的平衡问题有待更好的解决。

---

① 冯令泽南.自然保护地役权制度构建——以国家公园对集体土地权利限制的需求为视角［J］.河北法学，2022，40（08）：161-179.DOI：10.16494/j.cnki.1002-3933.2022.08.010.

三、可以用多种方式实现跨行政区的统一管理

生态系统作为国家公园的保护对象，天然的地理界线或者标志是作为完整保护生态系统的基础。而这种完整保护生态系统的困难在于如何更好地解决跨行政区管理。通常来讲，一个完整的生态系统是横跨多个省、市行政区的，由于各个地方政府之间存在着管理上、职能上等的差异，就造成了同一生态系统有不同的管理办法。这在进行跨行政区管理的难度上无疑是增加的。而法国国家公园针对这个问题，以国家公园产品品牌增值体系为纽带，打破地域限制，以加盟区的形式作为跨行政区的统筹管理和多方受益的统一管理模式。

这种统一管理的优势是实现了最大限度将周边各个地区团结起来，构建了一个审批合一的平台，优化了管理上的诸多流程。

四、法规、规划、标准等合理化、体系化后才能指导实践并形成推广标准

就目前来讲，中国的国家公园法规标准上存在两个明显的问题：

①既有的相关法规在相关保护地的划分和分区标准中存在很多矛盾，在具体实施工作上也无法做到统筹管理，在落实政策和遵守相关制度上存在不到位的情况。

②很多地方的配套设施和基础建设发展不完善，达不到法规条文中对国家公园提出的要求。

改革需改之有利和改之有据，在法国国家公园管理体系下的体制改革，充分考虑到各方的核心利益，经历了各方之间的博弈后具备了在操作层面的可行性，避免出现"上有政策，下有对策"的局面，形成了体系化改革。我国的改革在某些方面上来说，也有着中国特色的体系化、相关依据的合理化特点，比如说我国目前的钱江源国家公园试点，在规划方面考虑到合理性和系统性治理，构建钱江源国家公园统筹管理、统一审批的平台。如果在未来治理模式中引入多方治理的形式，尤其在主要利益相关者的监督执行和协同参与法律法规建设方面多加探索，对于健全我国的国家公园管理机制将有助益。

第十一章 ｜ 韩国·庆州国立公园

第一节　庆州国立公园的概况

一、基本情况

庆州位于韩国东南部，是一座中型城市，现有人口 28 万[①]。总面积约 132 385 平方千米，紧邻釜山和大邱两大城市。庆州西部为陡峭山脉，东部与东海岸相连，海拔在 100 米以上的地域占城市面积的 61.5%，山脉倾斜度在 15° 以上的占 54.1%。从地形上来看，庆州较难与外界进行物质文化交流，但因此也促成了较为纯粹、流传至今的新罗文化的发展[②]。

庆州是一个拥有丰富历史遗迹的城市。它曾是新罗王朝的首都，也是韩国古代文明的摇篮。庆州有着数量众多的蕴涵韩国古代灿烂文化的历史文化遗迹，其中最具代表性的有庆州鲍石亭址、庆州南山神仙庵磨崖菩萨半跏像、庆州东宫和月池、庆州瞻星台、皇南里古坟群、大陵苑（天马冢）、庆州皇龙寺址、芬皇寺等。故庆州有"无围墙之博物馆"之称。由于自身具备极高的历史文化价值，如今庆州历史遗址区已被联合国教科文组织列为世界文化遗产，受到世界各地游客的喜爱。

庆州国立公园位于韩国本土海拔最高的山——智异山（智异山是韩国历史上唯一一座历史遗迹形态的公园），于 1968 年被政府指定为继智异山之后的第二个国立公园。公园下辖 8 个地区，彼此相隔，总面积 136.55 平方千米。公园内自然资源和各类物种丰富多彩，约有 2200 个物种在国家公园内分布。报告的物种总数包括 27 种哺乳动物、122 种鸟类和 725 种植物物种等等。其中濒临灭绝的物种包括白鳍豚、韩国秃鹰、鹰鸮和小耳猫，它们是食物链中较高的食肉动物。

庆州国立公园是就像一本厚实的历史书，它凭借保存完好的新罗时期文化遗迹与和谐的自然景观，成为深受游客喜爱的历史景点。庆州国立公园于

[①]　360 百科 . https://baike.so.com/doc/7077341-7300252.html.2020.1.

[②]　金雪丽 . 韩国庆州历史景观保护的经验与启示［D］. 西安建筑科技大学，2013.

1979 年被联合国教科文组织评定为世界十大文化遗产之一，其价值受到国际社会所肯定。

二、文化遗产

作为韩国唯一一座历史遗迹形态的公园，庆州国立公园的文化遗产也颇为丰富，主要有佛教文化精髓的佛国寺、石窟庵以及被誉为"佛教露天博物馆"的南山等。佛国寺和石窟庵坐落于吐含山山腰处，是灿烂的新罗佛教文化的核心。佛国寺建造于公元 530 年，是新罗法兴王为维护国家安定和百姓平安而建。此后，新罗景德王时期国家又对其进行了翻新和复建，后来，于壬辰倭乱时期寺庙大部分建筑被烧毁，后经修复和重建才达到如今的规模。石窟庵位于佛国寺上约 3 千米的位置，庵内筑有面朝东海的东方最大的如来坐像。佛国寺和石窟庵于 1995 年 12 月 6 日被列入世界文化遗产，成为韩国的宝贵财富。

南山（Namsan）位于佛国寺附近，海拔为 468 米，南北跨度 8 千米，东西跨度 6 千米。整座山体呈椭圆形，看起来像一个乌龟在庆州的中心俯卧，因此它还有个名字叫做"金龟"。在新罗时代，南山曾拥有众多的佛教寺庙。寺庙内的建筑设施充分体现出当时人们对佛教的虔诚信仰[1]。

三、发展历史

庆州国立公园于 1968 年被政府指定为国立公园。因其独特的历史文化价值，于 1979 年庆州国立公园被联合国教科文组织评定为世界十大文化遗产之一，其价值受到国际肯定。在韩国不同经济社会发展时期，国立公园管理利用目标先后经历了五个阶段，即建设主导阶段、保护为主阶段、重旅游利用阶段、效率主导阶段和保全为主阶段[2]。在这五个阶段，国立公园管理利用的目标先后经历了设施建设、严格保护、大量开发再到兼顾保护和利用几个过程，这与韩国经济增长紧密相关。

在设施建设阶段的 20 世纪 60 年代到 70 年代中叶，韩国处于战争之后的

---

① 　KNPS.National Parks of Kore ［J］. KNPS. 2014.
② 　韩相壹 . 韩国国立公园概况 ［J］. 中国园林，2002（02）：73-76.

工业化前期，经济刚刚振兴，各方面基础设施建设都很不完善。1967—1975年韩国共建设了 11 个国立公园，由建设部主管，集中建设了公园服务区、公园入口、道路、标牌等基础设施。此时以保护韩国自然环境和自然景观，推动资源可持续利用和增进公众健康、公众休闲和娱乐为主。20 世纪 70 年代后期韩国国立公园进入以保护为主的阶段，1978 年韩国政府颁布了《自然保护宪章》，国立公园设施建设趋于完成，开始转向以自然保护为主要特征、绝对限制访客和野营设施的阶段。随着 20 世纪 80 年代前期和中期工业化发展带来的公众休闲需求的扩张，韩国国立公园进入重旅游利用阶段。国立公园开始探索在不破坏自然生境的前提下开发旅游业，国立公园成为国民休闲观光地，过度利用明显。因此，为了改善过度利用的问题，韩国成立了国立公园管理公团进行统一管理，扭转了资源过度旅游化开发的局面，使既定的服务于旅游的公园入口道路、集中服务设施的建设转为野营地、探访指示牌、卫生间、停车场等满足自然环境教育基本需求的便利设施，并针对性地实施自然资源轮休年制等保护政策，韩国国立公园进入效率主导阶段。1990 年，韩国国立公园主管部门转为内务部。1998 年之后，韩国自然公园管理权移交到环境部，管理目标开始进入以保全为主的阶段，此时保存和利用、可持续发展为目的的公园理念成为主流思想[①]。

庆州国立公园最初由地方自治团体管理，但是其管理状况较差，也给韩国当地的政府带来了众多困扰。当时韩国的国立公园有多个管理机构交叉管理和运营，导致其管理上存在多头管理、管理机能无序及运营方式选择困境等一系列问题。为了解决这种低效率的管理问题，韩国决定采取中央集权的方式进行管理。具体来说，设立了专门的管理机关国家公园管理公团来进行管理。2008年 1 月 16 日，庆州国立公园开始由韩国国立公园管理公团直接管理。2017 年5 月，《国立公园管理公团法》的实施使得韩国国立公园的管理更加系统化、专业化、科学化[②]。

---

① 虞虎，阮文佳，李亚娟，肖练练，王璐璐.韩国国立公园发展经验及启示［J］.南京林业大学学报（人文社会科学版），2018，18（03）：77-89.
② 马淑红，鲁小波.再述韩国国立公园的发展及管理现状［J］.林业调查规划，2017，42（01）：71-76.

第二节　庆州国立公园的管理模式

一、所有权归政府所有

庆州国立公园具有国家性。韩国在建立庆州国立公园之前将该区域内的所有私有土地通过赎买、捐赠等方式转化为国家所有，若有国家公园范围或动态调整的考虑会将国有土地集中区域作为优先考虑范围。同时，庆州国立公园属于世界文化遗产，这也决定了它的所有权属性。

二、中央政府管理为主的垂直管理体系

庆州国立公园采取由韩国环境管理部指定韩国国立公园公团直接管理的垂直管理模式。"国家—地方"型的垂直管理体系主要是指由国家的中央政府掌握总体大权，并向各个地方的政府及国立公园相关机构下放权力，地方机构也能够对公园的管理和运营发挥作用，但在大政方针的制定上要服从中央政府安排的一种管理模式。国立公园管理机构由国立公园管理公团本部和地方机构组成。地方机构中的地方管理事务所的职责包括邀请中央国立公园公团和自然生态研究所、航空队协助处理危急情况[①]。

（一）保护与发展是韩国国立公园管理公团的主要职责

韩国国立公园管理公团设立于 1987 年，是归属于环境部的韩国管理国立公园的专业机构，秉承保护自然、服务游客的愿景，负责对公园资源的调查和研究、环境保护、公园基础设施维护、指导公园有效使用、公园宣传工作等。它负责管理 21 座公园，只有位于岛屿地区的汉拿山国立公园归属于地方自治政府济州特别自治岛管理。自国立公园公团成立以来，它就本着"热爱自然，

---

① 钟永德，徐美，刘艳，文岚，王曼娜.典型国家公园体制比较分析［J］.北京林业大学学报（社会科学版），2019，18（01）：45-51.

国民幸福，地区合作，面向未来"的核心价值观，致力于保存和保护自然资源，优化服务，完善环境，创造愉悦安全的国立公园①。

（二）权责明晰的组织结构确保公园管理专业化

韩国国立公园管理公团经过长期发展，形成了稳定且权责明晰的组织结构。2017 年 5 月，韩国开始实施《国立公园管理公团法》，使得韩国国立公园的管理更加系统化、专业化、科学化。国立公园管理公团由理事长、理事及监察组成，包括企划调整处、行政处、资源保全处、运营处、探访支援处、设施处和宣传室、成果管理室、对外协办室、监察室，该组织还运营 26 个国立公园事务所和国立公园研究院、山岳安全教育中心、濒危种复原中心、航空队等机构。此外，还设有公园委员会处理公园指定、废止、变更等事项②。

三、保护管理措施

（一）设立国立公园特别保护区以保护自然资源

随着公园游客人数的逐年增多和濒绝物种种类的增多，韩国国立公园管理公团开始设立特别保护区对公园的自然资源进行保护。特别保护区是指以"自然安息年制度"的地区为中心，在此基础上扩展到含有濒危物种等的迫切需要被保护的区域。按照保护目的对地区进行重新分类和体系化而指定的地区为"国立公园特别保护区"③。对于特别保护区管理，韩国国立公园管理公团采取了一系列措施。比如，定期检测特别保护区的环境、设置保护措施、开展多种宣传活动，从而进行开发利用以及执行违规处罚制度等。

（二）建立资源环境承载力控制制度疏解"超载压力"

韩国国立公园资源利用强调在生态系统可持续演化框架下进行资源利用，

---

① 韩国国立公园管理公团官网. http://chinese.knps.or.kr/Introduction/Introduce.aspx?MenuNum=4&Submenu=12.2019.
② 蔚东英.国家公园管理体制的国别比较研究——以美国、加拿大、德国、英国、新西兰、南非、法国、俄罗斯、韩国、日本 10 个国家为例［J］.南京林业大学学报（人文社会科学版），2017，17（03）：89-98.
③ 韩国国立公园管理公团官网. http://chinese.knps.or.kr/Knp/Special.aspx?MenuNum=1&Submenu=03.2019.

来设立满足国民游憩需求的自然文化区域。庆州国立公园作为韩国唯一一个历史遗迹国立公园和世界文化遗产，近年来一直是国内外游客旅游观光的热门目的地。观光人数的增多给公园的环境造成了很大的压力。韩国国立公园由此制定了访客预约制度，规定提前公告公园内接待设施的预约情况，以制度和设施使用控制达到访客控制的效果。建立科学有序的资源环境承载力控制制度，合理开发资源，以求对自然生态产生有利影响。国立公园管理公团对探访游客进行严格管理，如为避免游客过于集中造成资源的损毁，制定了游客预约制度，严格限制游客数量以确保环境承载力。

（三）定期的科学研究是确保公园健康发展的重点

庆州国立公园的相关机构会定期对公园内的多种生物进行调研和观测保护，以此来保存濒危动植物物种，进而维持物种的多样性及稳定性。一方面，定期召开公园管理协议会听取地区社会的各种意见，以完善对公园的科学管理。另一方面与其他国家的相应管理部门签订合作协议，开展丰富多样的交流活动，建立合作体系，并举办多种形式的研讨会相互交流有关公园管理的信息。

四、志愿服务机制助力公园管理

除了实施设立特别保护区、建立资源环境承载力制度、定期开展科学研究等一系列保护措施，庆州国立公园还实行了志愿服务机制，使得当地的居民或游客不仅可以享受更加优化的游玩服务，还可以通过志愿者的宣传讲解等增进对公园的自然、历史、文化资源价值的理解。志愿服务机制有《志愿服务活动基本法》和《国家公园志愿服务制度运营规则》等法律法规作保障，民众可以通过线上报名、投稿报名等方式参与其中。志愿者的工作内容丰富多样，比如与员工一起体验庇护所管理、制作公园宣传短片、为远足人士提供指引等等。志愿者的参与大大减轻了公园内部的管理压力，促进了庆州国立公园健康有序的发展。

五、法律法规体系促进公园有效管理

完善的法律法规是韩国国立公园有效管理的保证。在庆州国立公园成立的前前后后，有各种类型的关于国立公园管理的法律法规、相关制度等出台，为庆州国立公园的有序有效运行起到保驾护航的作用。目前韩国直接管理国立公园的法规是《自然公园法》，该法是有关自然公园的指定、保全、利用与管理的法律。《自然公园法》详细规定了自然公园的设立程序、公园规划和功能分区设定、禁建项目和禁止行为、保护和费用征收等相关内容，并在后续的发展中根据国立公园发展需要进行了细分和修订补充，如《自然公园法》后分为《自然保护法》和《都市公园法》，至今已修订了30余次①。关于国立公园特别保护区的相关制度在《自然公园法》中也有提及。例如，根据《自然公园法》第28条规定，对违反禁止进出条例者，按照该法第86条，予以罚款50万韩元。

以《自然公园法》为基础，韩国政府及相关部门又制定了很多与韩国国立公园管理相关的法律法规。比如2016年国立公园管理公团制定《国立公园安全法》，是出于对访客安全管理的需要。另外政府部门还制定及修订了《环境保全法》（1977年）、《山地管理法》（2009年修订）、《山林保护法》等。2013年，韩国环境部为了保护管理野生生物和它们的栖息环境，制定了《关于野生生物保护及管理的法律》。

在庆州历史遗迹保护方面也有相关的法律保障实施。2005年出台的《古都保护特别法》促进了对庆州国立公园文化遗产保护的重视。《古都保护特别法》又称《古都保护法》，该法律将历史景观的保护从遗址本身的"点"的保护扩展到周边历史遗迹的"面"的保护，并从法律层面提升了历史景观保护的地位②。《古都保护法》的制定是韩国历史景观保护的全新转折点。还有一些重要的文化保护法的出台，比如2016年1月实施的《关于文化遗产及自然环境资产的公民信托法》③。

---

① 蔚东英，王延博，李振鹏，等.国家公园法律体系的国别比较研究——以美国、加拿大、德国、澳大利亚、新西兰、南非、法国、俄罗斯、韩国、日本10个国家为例.环境与可持续发展，2017（02）.
② 金雪丽.韩国庆州历史景观保护的经验与启示［D］.西安建筑科技大学，2013.
③ 马淑红，鲁小波.再述韩国国立公园的发展及管理现状［J］.林业调查规划，2017，42（01）：71-76.

第三节　庆州国立公园的旅游开发与保护

一、实施免费的门票制度

庆州国立公园是一个公益性的国家公园，韩国政府将庆州国立公园的经营当作一项公益事业。公益性是国家公园的根本属性之一，其目标是在保护优先的前提下，为国民提供科研科普、环境教育以及游憩休闲机会，增进对区域特殊景观的理解和精神文化发展，从而实现"国家所有、全民共享、世代传承"。因此，出于公益性的考虑，庆州国立公园自 2007 开始实施免费的门票制度。门票的减免增加了访问公园的游客人数。

二、社区共建和利益相关者共同管理的主要经营方式

在庆州国立公园长期保持自然和文化资源保护的前期实践中，由于一些强制的限制性规定而引发国家公园与周边社区的矛盾，对国立公园的自然资源保护利用以及访客活动的开展产生负面影响，总体上制约了国立公园管理水平的提升和国际化。采取社区共建和利益相关者共同管理的经营方式可以促进庆州国立公园的开发利用。这种经营方式即除了政府部门外，还积极带动学术界、宗教界、市民等社会民间机构或团体的参与，共同加强对国立公园的经营与管理。具体方式有以下两种。第一，允许周边居民参与公园经营活动，给他们发放经营许可证或提供居民福利生态观光等地区合作事业。第二，征求各利益关联方意见，建立区域合作机制。利益相关者主要包括土地所有者、地方自治团体、寺院、其他利害团体等等。另外，加强各领域内的合作体系，联合进行资源调查等活动，促进发展[①]。

---

① 虞虎，阮文佳，李亚娟，肖练练，王璐璐.韩国国立公园发展经验及启示［J］.南京林业大学学报（人文社会科学版），2018，18（03）：77-89.

三、创新性的营销宣传提升公园知名度

（一）利用特色活动和项目吸引公众关注度

庆州国立公园在每年的 4 月和 5 月会举办樱花节和一些可以体现济州新罗文化的各种文学竞赛活动，这些节日和文化博览会的举办也吸引了更多的当地人和国内外游客。同时，公园管理部门推出的生态旅游项目通过将环境保护融入旅游宣传，激发公众兴趣点。生态旅游是指欣赏并学习自然和文化的环境友好型旅游，是具有保护自然环境和维护当地人民生活双重责任的旅游活动，让人们可以一边领略大自然的奥妙，一边感受当地的地方文化，目前生态旅游已成为一种低碳绿色的新型旅游。

（二）通过与国外 OTA 企业合作打通跨国界宣传壁垒

OTA 全称为 online travel agency，即线上旅行社。韩国国立公园管理公团通过与国内外的 OTA 企业达成合作，使得用户可在这些 OTA 平台上查询和浏览关于庆州国立公园的相关信息。这些相关信息包括：庆州国立公园简介、宣传标语、门票制度、交通情况、住宿信息、旅行攻略等等。通过与国外 OTA 的合作将原来传统的旅行社销售模式放到各国的互联网平台上，用不同国家的语言进行宣传，使得其他国家的人们也可以方便快捷地了解庆州国立公园的信息，可以更广泛地传递线路信息，同时互动式的交流更方便客人的咨询和订购。

四、可持续发展措施

庆州国立公园内有着丰富的珍惜自然资源和为数众多的文化遗产和历史遗迹，空气清新干净，水质安全洁净，是韩国国内完美的度假胜地。每年都有大量的国内外游客前往庆州国立公园游玩，这也给公园内的自然和文化遗产设施造成了一定的压力。因此，积极采取措施以促进公园内的可持续发展显得尤为重要。目前，庆州国立公园在资源环境监测、科学研究、访客管理、安全救助等重要领域使用现代科技手段进行精细管理，以促进公园的可持续发展。

（一）定期资源情况调查以保护生物多样性

在资源多样性保护方面，每10年进行1次自然资源调查，掌握生态系统变化情况，通过水质测定网对主要河流和溪谷的水质与水生物进行监测和管理；设置雨量自动警报设备以预报和防止山体滑坡、泥石流等灾难的发生。

（二）建立合作机制以保护文化资源

在文化资源保护方面，搭建文化资源合作网络并建立数据库，引入文化资源智能手机软件应用系统并向国民发布探访信息和资源资料信息，提高文化资源保护精确度①。

（三）对公园区域调整情况进行动态管理以预防可能性破坏

在公园层面，对国立公园的入选、废止和区域变更进行动态管理，每10年内分析国家公园区域调整的必要性和可行性以反映到远景规划中，并通过土地所有权的赎买和土地性质变更，保持和扩大高价值核心区域，预防可能性的破坏，推动生态资源的国有化。

（四）及时周到的访客管理措施提升人性化水平

在庆州国立公园的访客管理方面，有一些非常人性化的访客管理措施提高了游客的游玩体验。主要体现在以下几个方面：第一，提高道路、紧急避难所等现有公园设施的功能性和便利性。第二，采取应对和预警措施提升游客游玩的安全性。比如在一些易发生自然灾害的区域，公园管理机构会预先建立预警机制，提前发出警报并告知访客；比如建立"无障碍探访路"体系，给予老弱病残孕人群特殊照顾。第三，采取相关机制或措施呼吁游客保护环境。目前公园内实行的"绿色积分制"（用垃圾换积分，用积分换礼物）的方式就是一个典型例子。

---

① 虞虎，阮文佳，李亚娟，肖练练，王璐璐.韩国国立公园发展经验及启示［J］.南京林业大学学报（人文社会科学版），2018，18（03）：77-89.

第四节　经验借鉴与启示

一、可靠的安全管理及时应对突发事件

庆州国立公园在安全管理方面做出了积极努力。首先，在自然与文物景观安全管理方面。公园管理机构会对到访游客进行宣传引导，对资源及文物景观进行持续性的安检，并制定了协同救助的措施。其次，扩大监控器安全适用范围，防止和减少自然性的损坏和人为破坏事件的发生。最后，在游客安全管理方面。对于游客的身体健康问题给予了特别关注，对游览过程中可能出现的身体疾病制定了应对措施，防范访客突发健康事件。比如，针对登山导致的心脏骤停死亡事故，配备自动体外除颤器救助。

二、提高全民环保意识、责任意识

韩国国民一直有着较高的环境保护意识，这不仅得益于韩国民众较高的国民素质，也与韩国国立公园管理公团及相关机构关于环境保护方面的宣传教育工作密切相关。一方面，国家公园管理机构通过开展丰富多彩的宣传教育活动，呼吁民众提高环境保护意识，引导周边社区居民和来自国内外的游客自愿地参与庆州国立公园的保护与管理工作中去，让他们都能得到说服力强的环境教育和环境保护体验。另一方面，充分利用电视台、网站、自媒体等各种宣传媒介，积极搭建国家公园保护管理的宣传平台。更重要的是，充分利用韩国目前所拥有的优势，比如，利用韩国娱乐业发达的优势，积极做好公园本身及其所有的自然与文化资源的宣传。这不仅增强了国家公园从业人员的职业自豪感，也使民众对国家公园有了更多的理解、认识和认同，使国家公园不但成为韩国民众最理想的休闲地，也成为他们最向往的工作和生活地。

韩国国立公园不仅采取行动提高了周边居民福利，而且实施措施给予困难人群经济援助。庆州国立公园建设通过预约制的探访道路开放、缆车设施运

营、文化财观赏费，以及开展自然环境课堂项目（如生态探访研修院、青少年登山教室等）等措施，给当地失业与弱势家庭提供就业岗位，并且通过国立公园署网站为当地企业营销，在园区内实行特许经营制度，园区外围私人土地上允许地方居民参与部分产业经营，从而在一定程度上提高公众的责任意识。

三、实施社区支援政策促进社区发展

韩国国立公园设立的目标包括优先保存和维持自然生态，并在可持续利用的限度内提供探访公园和居民利益发展，同时促进公园区域内传统生产生活方式的传承①。因此，居民利益发展是韩国国立公园要密切关注和履行的一项社会责任。庆州国立公园建立后，当地社区居民的生产生活受到限制，经济发展受到一定影响。为了改善周边居民生活条件，特别是那些因为设立国立公园而被影响生活质量的周边居民，韩国国立公园管理公团通过社区支援政策较好地实现了社区传统生计方式的优化，从以自然保护执法为主向兼顾资源利用、访客服务和社区发展的综合方向转变，促进文化生态和自然生态系统的协同演化成为关键管理目标②。

自 2008 年起，韩国政府通过增加预算，开展形式多样的居民支援项目来提升国家公园当地居民的福利水平，庆州国立公园也参与其中。比如"名品小镇"项目。"名品小镇"项目是国立公园管理公团及相关管理机构联合社会各方资源运作的一个营利项目。通过在公园周边选择一些适宜的村庄、集镇等区域，在政府给予适当资金、信息技术的支持下，帮助周边社区居民发展自然友好型旅游，将这些村庄、集镇打造成集观光、游憩、避暑、疗养、住宿于一体的休闲观光场所。"名品小镇"的发展，不仅提高了周边居民的收入，提升了他们的生活水平，而且通过开展特色活动吸引游客的方式进一步提高了国家公园的知名度③。

① 조계중:《국립공원의 이념과 이용자들에 의한 훼손 그리고 보존》,《한국산림휴양복지학회》, 2006（4）.

② 虞虎，阮文佳，李亚娟，肖练练，王璐璐.韩国国立公园发展经验及启示［J］.南京林业大学学报（人文社会科学版），2018，18（03）：77-89.

③ 闫颜，徐基良.韩国国家公园管理经验对我国自然保护区的启示［J］.北京林业大学学报（社会科学版），2017，16（03）：24-29.

四、经验总结

韩国庆州国立公园作为韩国唯——座历史遗迹形态公园，被联合国教科文组织认定的世界十大文化遗产之一，具有极高的历史文化价值。在遗产保护管理模式方面，庆州国立公园的所有权归韩国政府所有，采取由韩国环境管理部指定韩国国立公园公团直接管理的垂直管理模式。在旅游开发利用方面，庆州国立公园实施免费的门票制度和社区共建、利益相关者共同管理的经营方式，并且实行了包括与国外 OTA 合作之类的创新性营销方式。这些旅游开发形式共同促进了庆州国立公园的经营发展。在履行社会责任方面，庆州国立公园的管理机构通过开展公众教育、社区支援政策和举行公益活动等方式履行社会责任，提升公众形象。在安全和可持续发展方面，庆州国立公园实施了有针对性的措施来保障公园的健康发展，比如定期进行资源情况调查、访客管理等等。各个方面的共同努力促使庆州国立公园成为一个可持续发展的国立公园典范。

图书在版编目（ＣＩＰ）数据

国家（文化）公园管理经典案例研究 / 邹统钎主编 .
-- 2版. -- 北京：旅游教育出版社，2023.1
（旅游研究前沿书系）
ISBN 978-7-5637-4513-5

Ⅰ. ①国… Ⅱ. ①邹… Ⅲ. ①国家公园－管理－案
例－世界 Ⅳ. ①S759.991

中国版本图书馆CIP数据核字(2022)第237477号

旅游研究前沿书系
国家（文化）公园管理经典案例研究
（第2版）

邹统钎　主　编

胡晓荣　副主编

策　　划	赖春梅
责任编辑	赖春梅
出版单位	旅游教育出版社
地　　址	北京市朝阳区定福庄南里1号
邮　　编	100024
发行电话	（010）65778403　65728372　65767462（传真）
本社网址	www.tepcb.com
E - mail	tepfx@163.com
排版单位	北京旅教文化传播有限公司
印刷单位	天津雅泽印刷有限公司
经销单位	新华书店
开　　本	710毫米×1000毫米　1/16
印　　张	11.5
字　　数	161 千字
版　　次	2023 年 1 月第 2 版
印　　次	2023 年 1 月第 1 次印刷
定　　价	66.00 元

（图书如有装订差错请与发行部联系）